L'ÉDUCATION PHYSIQUE

DE LA JEUNESSE

L'ÉDUCATION PHYSIQUE

DE LA JEUNESSE

PAR

A. MOSSO

Professeur à l'université de Turin

TRADUIT DE L'ITALIEN PAR J. B. BAHAR

ET PRÉCÉDÉ

d'une Préface du Commandant V. LEGROS

PARIS

ANCIENNE LIBRAIRIE GERMER BAILLIÈRE ET Cie
FÉLIX ALCAN, ÉDITEUR
108, BOULEVARD SAINT-GERMAIN, 108

—

1895

A MON BIEN CHER AMI

LE PROFESSEUR LUIGI PAGLIANI

DIRECTEUR GÉNÉRAL DU SERVICE DE LA SANTÉ PUBLIQUE

Mon cher Louis,

J'ai voulu réunir en un volume les articles que j'ai commencé à publier dans la Nuova Antologia *en 1891 et que j'ai continués jusqu'à ce jour sous les divers titres de :* L'éducation physique et les jeux dans les écoles; — La réforme de la gymnastique; — L'éducation militaire.

J'ai un peu retouché quelques chapitres, mais plus dans le coloris que dans le dessin, pour qu'ils se relient mieux entre eux.

J'ai divisé en deux parties celui qui se rapporte à l'éducation physique sous la Renaissance en

Mosso. — L'éduc. physique. *a*

Italie et l'éducation anglaise moderne, *dans le but de montrer avec une plus grande abondance de documents que l'Italie a eu l'initiative de l'éducation physique au moyen des jeux.*

Te rappelles-tu nos grandes promenades au soleil, et les premières excursions que nous fîmes ensemble sur les Alpes?

C'est à toi que je dédie ce livre, car je l'ai écrit, l'âme pleine des heureuses souvenances de notre jeunesse. C'est toi qui m'as incité à étudier l'éducation physique. Aussi, je tiens à t'en manifester publiquement ma gratitude.

A toi,

Ton très affectionné,

ANGELO.

Turin, 1er décembre 1893.

PRÉFACE

—

Qu'un physiologiste éminent, possédant depuis longtemps dans le monde scientifique tout entier ses lettres de grande naturalisation, ait formé le dessein de se présenter au public français sous les auspices d'un militaire, c'est une détermination qui ne peut manquer de causer quelque surprise. Nul à coup sûr n'en sera plus surpris que nous ne l'avons été nous-même quand notre ami le Dʳ Mosso a adressé à notre bonne volonté un appel aussi flatteur qu'embarrassant.

Notre perplexité était surtout motivée par le fait que nous savions un homme, et un seul homme au monde, qui possédait pleinement l'autorité nécessaire pour pouvoir sans présomption se constituer ainsi le parrain du Dʳ Mosso : nous avons nommé le Dʳ Marey. Mais notre illustre compatriote, à qui nous faisions part de ce scrupule, considère le Dʳ Mosso comme parfaitement capable de porter haut, sans aucune assistance, le drapeau de la physiologie. D'autre part, il estime qu'une œuvre d'éducation physique n'est pas complète tant qu'il ne s'y est point fait entendre une note de soldat; et, à tort ou à raison, il nous fait l'honneur de nous tenir pour un soldat dont la note peut être entendue avec quelque profit.

En présence d'un tel assentiment, il nous semblait difficile de décliner plus longtemps l'invitation qui nous était adressée; et nous ne nous sommes pas cru en droit de laisser échapper une telle occasion d'affirmer une fois encore cette union intime des sciences militaires et des sciences expérimentales, qui constitue l'objet de la technologie militaire, à la réalisation de laquelle toute notre carrière a été consacrée.

Si vaines qu'aient été nos tentatives pour consommer cette union, nous ne songeons point à regretter les efforts que nous y avons dépensés: nous ne nous étions jamais abusé de l'illusion qu'il pourrait nous être donné de les voir couronnés d'un succès décisif. Le programme est immense et écrasant; bien d'autres forces que les nôtres s'useront avant qu'il soit réalisé. Nous avons néanmoins conscience qu'il est digne de tels sacrifices; car celui-là qui parviendrait à l'embrasser en son entier et à l'imposer deviendrait le véritable chef moral de toutes les armées civilisées. Non point qu'il serait nécessairement un grand général de champ de bataille; mais nul, après lui, n'aurait plus le droit de s'intituler général, qu'à la condition de marcher dans la voie qu'il aurait tracée.

Ce qui fait le grand général, c'est en effet moins

encore la connaissance exacte de toutes les ressources mises entre ses mains par l'état actuel de la
civilisation, que l'intuition foudroyante du but, et
la décision avec laquelle il sait combiner ces ressources pour maîtriser la fortune de la guerre. Il
est cependant un degré de connaissance à défaut
duquel l'intuition n'est plus que la chimère d'un
inconscient, la décision qu'une impulsion délirante ;
à défaut duquel les armes les plus perfectionnées
se retournent contre les mains inhabiles qui s'aven-
turent à les manier. Et ce degré de connaissance
indispensable va sans cesse en s'élevant, à mesure
que se développent la variété et la puissance
des moyens d'action dont toutes les sciences enri-
chissent à l'envi la technique militaire des nations
modernes.

Les grands chefs d'armée de l'humanité : Alexandre, l'élève d'Aristote; César, l'écrivain des Com-
mentaires et l'émule de Cicéron; Napoléon, l'auteur
du Code civil et le créateur de l'Institut d'Égypte,
représentaient le plus haut degré de culture intellectuelle que comportât leur époque. Mais au-dessous d'eux, l'histoire a enregistré dans ses annales
les noms de quantité de capitaines, dont toute nation
peut à bon droit être fière, qui n'avaient connu
d'autre école que celle du champ de bataille; qui,
même, parfois, se prévalaient, comme d'un privilège
de caste, de la plus grossière ignorance; et que l'on
peut appeler : les généraux illettrés. Chez ceux-ci,
la connaissance de la guerre ne s'étendait pas au-
delà de l'expérience personnelle des actions auxquelles ils avaient pris part; de l'étendue des ter-

rains qu'ils avaient pratiqués; de l'appréciation des effets immédiats des armes rudimentaires, dont la routine de toute leur existence leur avait rendu les propriétés familières. Leurs conceptions militaires, ainsi bornées aux faits et aux espaces que leurs sens physiques leur permettaient d'embrasser, et traditionnellement synthétisées dans l'*art de se débrouiller*, différaient à peine essentiellement des suggestions de l'expérience et de l'instinct des grands carnassiers chasseurs.

Si une condition mentale aussi fruste pouvait n'être point incompatible avec l'exercice et les qualités du commandement suprême, tel qu'il était compris à ces époques reculées, c'est que la guerre se présentait alors avec les caractères d'un phénomène continu, dans un ordre social immuable, dont la notion de progrès n'avait jamais encore ébranlé la stabilité. Tandis que l'état de lutte était l'état normal des sociétés, les conditions de lutte dans lesquelles le soldat avait fait ses premières armes étaient, sans variation appréciable, celles dans lesquelles il livrait son dernier combat. Le tempérament guerrier n'était que la conséquence d'une adaptation automatique et inconsciente aux influences du milieu ambiant. L'énergie naturelle du caractère désignait seule le chef militaire et consacrait son autorité; le sens inné de l'observation suffisait à lui révéler tous les secrets d'une technique à peine ébauchée. Si quelques rares esprits d'élite, poussés par la soif de l'inconnu, cherchaient à élargir par l'étude ce cercle d'expérience personnelle, c'est uniquement sur l'expérience du passé qu'ils avaient

à porter leurs investigations. Elle ne leur offrait
qu'une succession d'événements toujours identiques, qui ne faisaient que multiplier le nombre des
cas soumis à leurs méditations, sans jamais en
varier la nature. A plusieurs siècles de distance
c'étaient toujours les mêmes moyens d'action restreints qu'ils voyaient en œuvre, ne prêtant qu'à
un nombre également restreint de combinaisons
rapidement épuisées.

Tout autre est la situation des sociétés modernes.
La guerre n'y apparaît plus qu'à titre d'accident
fugitif et tout à fait exceptionnel, succédant à de
longues périodes de paix, au cours desquelles toutes
les conditions techniques des opérations militaires,
aussi bien que des opérations industrielles, ont été
bouleversées par la course vertigineuse du progrès
universel.

En présence de ces métamorphoses incessantes,
l'expérience personnelle des faits militaires n'est
plus qu'une expression vide de sens. L'homme qui
a pris part à une première campagne alors que son
jugement n'était point formé, dans un monde qu'il
ne connaissait pas encore, n'en reverra une seconde
que quand ses facultés seront usées, et dans un
monde qu'il ne connaîtra plus. Les leçons de l'histoire sont, s'il est possible, plus décevantes encore;
en ce qu'elles nous éloignent de plus en plus des
réalités actuelles. La prétention d'édifier exclusivement sur leur autorité le système de guerre de
l'avenir ne serait guère moins insensée que celle de
monter un établissement de produits chimiques sur
les données d'Albert le Grand ou de Nicolas Flamel.

La guerre est désormais un phénomène d'ordre discontinu. Entre la guerre du passé, fût-ce la guerre d'hier, et la guerre de demain, un abîme est creusé ; et le progrès scientifique, qui l'a creusé, et qui va sans cesse l'approfondissant, peut seul fournir les matériaux qui permettront de le combler. En l'absence de l'expérience du champ de bataille, la discussion des propriétés tactiques des engins modernes n'est plus qu'un thème oiseux de conversations de cercle et d'estaminet ; les propriétés techniques peuvent seules faire l'objet d'une étude sérieuse et pratiquement féconde. Et comme ces propriétés ont toutes leur origine dans les conquêtes de la science expérimentale, c'est uniquement des méthodes de la science expérimentale que cette étude doit s'inspirer. C'est uniquement dans les travaux des maîtres de la science expérimentale qu'elle peut utilement chercher ses données fondamentales et ses modèles.

Pour que la technologie militaire ainsi conçue domine les champs de bataille de l'avenir, point n'est besoin qu'elle soit explicitement constituée en corps de doctrine officiellement avoué dans les hautes sphères militaires. Méconnue, mais fatalement présente, elle a déjà dominé les champs de bataille des dernières campagnes, pour la ruine de ceux qui l'avaient dédaignée.

En 1870 nous étions en possession d'un fusil qui, entre les mains d'un chef capable de le comprendre, pouvait à lui seul annihiler tous les avantages de nos ennemis. Sa portée efficace atteignait largement 1200 mètres, tandis que celle du fusil allemand était absolument limitée à 600. Par contre, l'artillerie allemande avait une puissance plus que double de la nôtre, dont les effets pratiques s'étendaient à peine au delà de ceux de notre fusil. Ainsi, tout ce qui s'offrait à nos coups entre 600 et 1200 mètres était livré à notre discrétion. Dans cet intervalle, l'immensité des masses opposées ne pouvait avoir d'autre influence que d'accroître d'autant le désastre de l'adversaire. Dès que rous cessions de nous attacher à contenir celui-ci entre ces limites, nous nous trouvions nous-mêmes voués à une destruction inévitable : dans un sens, par l'accablante supériorité numérique de ses forces; dans l'autre, par la prépondérance de son artillerie.

Dans une campagne défensive, cette considération dictait clairement le choix et le mode d'occupation rationnel des terrains de combat. Il nous a manqué pour l'apprécier un général d'infanterie, ayant conscience du fait qu'un outillage technique nouveau assignait à la tactique des horizons nouveaux. Tous ceux de nos généraux qui avaient puisé dans l'étude une conception quelconque de la guerre y avaient puisé une conception d'artilleurs, avec ses aspirations aux champs de tir illimités; alors qu'une guerre d'artilleurs ne pouvait avoir d'autre issue que notre écrasement. Dans les instructions officielles relatives à la conduite du combat, une seule allusion avait été faite à la puissance de notre fusil : c'était pour dissuader d'y avoir recours.

C'est une particularité à noter que, tandis que les campagnes modernes ont révélé au monde des

a.

généraux d'artillerie, des généraux du génie, des généraux d'état-major, des généraux de cavalerie, aucune ne nous a encore fait connaître un général d'infanterie, entendu dans le sens de général de mousqueterie. Frédéric seul sut établir une juste corrélation entre un progrès technique de l'armement d'infanterie et les modifications consécutives de la tactique de l'infanterie. Mais encore, bien que le souverain philosophe et bel esprit, par l'élévation de la culture intellectuelle aussi bien que par le génie militaire, marche de pair avec les plus grands capitaines, avec un fusil dont la portée efficace était bornée à la distance où l'on aperçoit le blanc des yeux de l'adversaire, sa conception de la technique des feux d'infanterie ne s'élevait pas, n'avait pas à s'élever au-dessus de la portée des vues des généraux illettrés.

La raison de cette particularité est, sans aucun doute, que, tandis que les chefs de l'artillerie et du génie se maintenaient constamment à la tête du progrès scientifique et technique, que les chefs de l'état-major voyaient leur tâche plutôt facilitée que compliquée par son avènement, que les chefs de la cavalerie, essentiellement liés à un agent peu accessible à son influence, avaient pu demeurer impunément à peu près indifférents à ses manifestations, les chefs de l'infanterie avaient cru pouvoir rester également stationnaires, alors que c'est sur leur arme qu'avait porté la transformation la plus radicale. Ils s'en étaient tenus à la tradition des généraux illettrés, perpétuée et encouragée jusqu'à nos jours par les expéditions coloniales, alors que toutes les facultés réunies des généraux illettrés, dans leur inculte spontanéité, sont devenues insuffisantes pour assurer la direction intelligente d'un simple tir de compagnie sur un champ de bataille européen.

Il n'y a aucune vraisemblance que la situation exceptionnelle offerte à notre infanterie dans la campagne de 1870 se représente dans une guerre future précisément sous le même aspect. Ce n'est point toutefois se hasarder qu'affirmer que, constamment, des inégalités analogues se reproduiront; et que, constamment aussi, ces inégalités, qu'elles portent sur une arme ou sur une autre, ou sur une combinaison des différentes armes, relèveront avant tout de la technologie militaire. Que les généralissimes en présence aient su ou non les apprécier et les exploiter, l'un d'eux, inévitablement, sortira vainqueur de la lutte, et sera, non moins inévitablement, salué par les acclamations des multitudes. Mais, s'il n'a pas su donner à son triomphe le fondement solide de la technologie militaire, il ne pourra se flatter d'apparaître aux yeux de la postérité que comme l'instrument inconscient de la fatalité; et son front, même ceint de l'auréole de la victoire, ne sera jamais tenu que pour le front d'un foudre de guerre subalterne.

Quelle que soit la puissance de tous les engins connus ou encore inconnus qui feront leur apparition sur les champs de bataille de l'avenir, aucun cependant n'y occupera jamais une place plus considérable que celle de l'homme lui-même, comme aucun n'y a occupé une place plus considérable dans le passé. Aucun par conséquent ne s'impose avec un plus haut degré d'intérêt aux investigations de la technologie militaire. Cependant, par une inconséquence bizarre, peu d'études ont été jusqu'ici plus complètement négligées dans l'armée que celle de l'homme physique et moral.

L'ignorance en cette matière a pour ainsi dire donné sa mesure en unités métriques dans la détermination réglementaire de la longueur du pas. Jusqu'en 1875, cette longueur était officiellement fixée à 0 m. 65. Or, dans le cours de notre carrière, nous avons eu la patience de compter, sur plusieurs milliers de kilomètres, les pas de plusieurs centaines d'individus, avec une attention spéciale à ceux qui semblaient se signaler par quelque anomalie. Le pas le plus court que nous ayons jamais relevé chez un soldat non fatigué, marchant à allure normale de route en terrain horizontal, est un pas de 0 m. 72; et cette observation remonte au temps où était en vigueur la fixation de 0 m. 65. Encore ce pas n'était-il qu'un symptôme d'un vice de conformation, qui eût sans le moindre doute entraîné la réforme du sujet qui en était affecté, si celui-ci, jeune homme d'une énergie peu commune, et issu d'une famille militaire, n'eût mis autant d'insistance à se faire accepter dans les rangs de l'armée que d'autres en mettent à se faire exempter.

Ainsi que le remarque très justement le Dʳ Mosso, les lois physiologiques de l'éducation et du travail du cheval ont été jusqu'ici l'objet d'une étude beaucoup plus consciencieuse et beaucoup mieux suivie que celles de l'éducation et du travail physiques de l'homme. Cela est vrai particulièrement pour l'armée; et il ne pouvait guère en être autrement. Si, en effet, les chefs de la cavalerie avaient ignoré les lois de la physiologie hippique aussi complètement que les chefs de l'infanterie — et ceux de la cavalerie tout aussi bien — ignoraient les lois de la physiologie humaine, pas un régiment de cavalerie ne fût jamais arrivé à pouvoir présenter un seul cheval sur pieds au bout de quinze jours de campagne. Jusqu'ici, heureusement, le soldat était un animal plus rustique que le cheval, qui pouvait s'accommoder d'un traitement moins intelligent. Mais les conditions modernes de la guerre, en obligeant les armées à étendre démesurément les sources de leur recrutement, y ont introduit des éléments incomparablement plus délicats. On ne peut se flatter de les maintenir dans leur intégrité, pour les utiliser au moment du besoin, que par un régime plus rationnel, éclairé par une connaissance plus développée et plus précise. En fait, l'homme, matière première essentielle de la constitution des armées, a subi une transformation aussi radicale que celle d'aucun des engins qu'il est appelé à mettre en œuvre : l'expérience du passé ne peut fournir à son égard que des enseignements erronés.

Le guerrier d'antan était un type d'exception; produit d'une sélection sans cesse renouvelée et d'un entraînement constant, conséquences naturelles des épreuves violentes à travers lesquelles se déroulait sans interruption toute sa carrière. La connaissance que le chef en possédait, toute indi-

viduelle et intuitive, n'était autre chose que la somme
des impressions intimes recueillies au cours d'une
existence de fatigues et de dangers affrontés en
commun. Elle n'était point susceptible de se transmettre aux générations actuelles, parmi lesquelles
elle ne trouverait d'ailleurs aucune application.

Aujourd'hui, c'est la nation entière qui, au moment
du péril, doit se rassembler autour du drapeau. Le
soldat du temps de paix, que les chefs militaires
actuels ont seul sous les yeux, bien que déjà profondément transformé par l'évolution, n'est pas une
image même approchée de celui que fournira la
mobilisation générale. La connaissance de ce soldat,
fût-elle fondée sur l'observation la plus irrépro-
chable, ne serait encore qu'une indication lointaine,
à laquelle il serait plus qu'imprudent de s'abandonner. Et, celui-ci même, nous venons de voir que,
sans le secours de la science, l'autorité militaire
s'est montrée totalement impuissante à l'observer.
Le temps de la connaissance individuelle et intuitive est désormais passé. La connaissance du soldat
des armées de l'avenir, qui n'est autre que la connaissance de l'homme moderne, doit être scientifique et critique, ou elle ne sera qu'une déception.

Pour aborder l'étude de l'homme physique dans
le milieu constitué par la civilisation moderne, la
science n'avait pas attendu les appels de l'autorité
militaire. Nul n'ignore quel éclat ont jeté sur cette
étude les travaux du D'' Marey, aidé de son habile
et infatigable collaborateur notre ami M. Demeny,
le sympathique professeur des cours d'éducation
physique de la ville de Paris. Par ses méthodes

d'enregistrement mécanique et photographique des phénomènes les plus fugitifs, il a radicalement transformé la technique de l'observation du mouvement sous tous ses aspects. Plus récemment, le Dr Mosso a apporté à cette technique un nouvel et précieux auxiliaire dans l'*Ergographe* [1], instrument aussi simple qu'original, destiné à l'enregistrement et à la mesure de la fatigue, qui permet d'entrevoir dans un avenir rapproché la solution de problèmes jusqu'ici à peu près'inabordables.

L'absorption de la nation par le militarisme, en même temps qu'elle faisait pénétrer dans l'armée la conscience de la nécessité de fonder la connaissance du soldat sur la connaissance scientifique de l'homme, imprimait naturellement aux investigations des physiologistes une orientation vers le type du soldat, et plus spécialement vers le type du fantassin. C'est ainsi qu'il se fait que, dans nos propres études sur la marche de l'infanterie, sur le tir de l'infanterie, sur la statistique, l'habillement, l'alimentation de l'infanterie, sur l'application à la pratique de l'infanterie des méthodes d'observation scientifique, nous nous sommes constamment trouvé marcher à la rencontre des maîtres de la physiologie, dont notre incompétence ne nous permettait d'admirer les travaux que dans un lointain respectueux.

Le premier résultat des recherches instituées en vue d'arriver à la connaissance systématique de

---

1. Voir *La fatigue intellectuelle et physique*, par le Pr A. Mosso. Paris, F. Alcan.

l'homme physique actuel était peu flatteur pour notre époque. L'homme qu'elles nous faisaient connaître était un être en pleine dégénérescence, perdant progressivement l'usage des organes et des facultés dont, dans la nature primitive, la supériorité l'avait sacré le roi incontesté de la création. La physiologie allait-elle donc se résigner à ne nous avoir révélé l'homme que pour nous donner sujet de gémir passivement sur la déchéance de l'humanité? Non! Une nouvelle école s'est fondée qui, avec une généreuse ardeur, s'est proposé pour programme la reconstitution des organes ainsi atrophiés. Mais, pour reconstituer des organes, la voie la plus logique est de commencer par ne point laisser péricliter dans chaque individu ceux qu'il apporte encore en venant au monde. C'est en effet la marche que s'est assignée la nouvelle école qui, sous le drapeau de la physiologie, et sous la haute impulsion du Dr Marey, a en France pour principaux promoteurs M. Demeny et le Dr Lagrange, et dont le Dr Mosso est en Italie le champion le plus actif et le plus autorisé.

De même que les investigations des physiologistes sur l'état actuel de l'homme avaient fini par se concentrer sur le type du soldat tel qu'il est, l'école physiologique d'éducation physique s'est naturellement trouvée amenée à spécialiser ses aspirations dans la reconstitution du type du soldat tel qu'il devrait être. L'éducation physique de la jeunesse se présente ainsi logiquement avec les caractères d'une introduction à la vie physique du soldat; et c'est en quelque sorte comme le premier chapitre d'une

Physiologie du soldat que paraît aujourd'hui l'ouvrage du Dr Mosso, formé par la coordination et la mise au point, en vue du grand public, de différents mémoires dont les conclusions ont déjà été ratifiées par les suffrages des juges les plus compétents.

Entre la préoccupation des conditions normales de l'éducation physique de la jeunesse et celle des exigences de la vie physique du soldat, la connexion est d'ailleurs tellement intime, pour l'homme de science aussi bien que pour l'homme d'État, qu'en traitant de l'éducation physique de la jeunesse, c'est presque constamment le type du soldat que l'auteur nous tient devant les yeux. De même quand il passera à la physiologie du soldat, il sera invinciblement ramené à considérer sans cesse dans quelle mesure s'y réfléchissent les méthodes actuelles d'éducation physique de la jeunesse.

Bien avant la période d'intervention scientifique, l'influence pernicieuse du surmenage intellectuel scolaire sur le développement de la race avait de toutes parts frappé les éducateurs de la jeunesse, et la nécessité de contre-balancer cette influence par un régime quelconque d'exercices physiques s'était plus ou moins vaguement présentée à leur esprit. Mais, sauf dans les écoles de Suède et d'Angleterre, et dans quelques établissements privés des autres pays, tous les efforts tentés à cette intention, faute d'une direction rationnelle, s'étaient complètement fourvoyés, et avaient piteusement échoué.

Parmi tous les organes que l'on peut se proposer de reconstituer, la gymnastique allemande avait à peu près exclusivement porté son attention sur les bras, qu'elle s'efforçait de développer par la pratique à outrance de la gymnastique aux agrès. Cette spécialisation aboutit à des tours de force d'un aspect fort séduisant; mais, tout en imposant à l'organisme un effort instantané excessif, elle ne correspond qu'à une utilisation médiocre, par une somme de travail mécanique minime, de la durée totale du temps affecté aux exercices physiques.

Ce système avait trouvé faveur en France et en Italie pour une double raison. D'abord, il ne demande pour fonctionner que des espaces restreints, et maintient constamment les élèves sous l'œil du maître. Or, c'est, pour un grand nombre d'esprits timorés de nos pays, l'idéal de la discipline scolaire de ne s'en rapporter, pour contenir l'écolier dans la sagesse, qu'à un contrôle incessant qui le met dans l'impossibilité matérielle de mal faire. D'autre part, en Italie comme en France, les moniteurs de gymnastique de la plupart des établissements d'instruction sont d'anciens militaires, qui ont commencé par remplir les mêmes fonctions dans les corps de troupes, où l'idée de gymnastique est à peu près inséparable de celle de gymnastique aux agrès. Ils ont de plus conservé une prédilection marquée pour des exercices qui leur donnent l'occasion de faire briller leur savoir-faire.

Il est cependant manifeste que les conditions tout à fait différentes dans lesquelles s'écoulent la vie du soldat et celle de l'écolier font que le même exercice qui, dans un cas, est parfaitement en harmonie avec toutes les exigences de la critique scientifique, devient absolument condamnable dans l'autre.

L'existence tout entière du fantassin n'est autre chose qu'une gymnastique constante des jambes. Les quelques mouvements de gymnastique aux agrès qu'il a l'occasion d'exécuter suffisent à peine à rétablir cet équilibre organique qui est le rêve de tous les physiologistes. On peut en dire autant des réunions des sociétés de gymnastique, dans lesquelles des jeunes gens jouissant généralement de toute leur liberté ont organisé, pour se livrer pendant quelques instants chaque semaine à des exercices de gymnastique aux agrès, des installations qu'il serait regrettable de voir disparaître.

Tout autre est la situation dans les écoles, où le temps affecté aux exercices physiques, temps strictement mesuré par le règlement, se trouve entièrement absorbé par des mouvements d'un intérêt secondaire. On conçoit facilement comment cette prépondérance attribuée à l'accessoire sur le principal peut aboutir à des mécomptes du genre de la déconfiture des instituteurs suisses, moniteurs de gymnastique, convoqués pour une période de manœuvres de montagne.

Plus fâcheuse encore que l'exagération de la gymnastique aux agrès était l'aberration qui, pour un temps, avait en France dévoyé la sollicitude des pouvoirs publics vers l'institution des bataillons scolaires. On ne pouvait guère établir confusion plus déplorable entre les conditions de l'éducation physique et les exigences de l'éducation militaire.

La plus essentielle des leçons de l'éducation militaire est celle de l'immobilité. D'ailleurs, l'instruction militaire de jeunes gens intelligents, stimulés par l'appât d'un grade, ne va pas sans l'étude théorique des règlements militaires. Il résultait de là que, du temps distrait du travail et des jeux de nos écoliers sous le prétexte d'éducation physique, une moitié devait être employée à les astreindre à ne pas bouger; et l'autre, à leur inculquer les notions les plus arides et les plus saugrenues dont il soit possible de farcir la tète d'un enfant.

C'est cependant surtout au point de vue moral, qu'étaient le plus funestes les conséquences de cette lamentable bouffonnerie. C'était une indécente profanation que mêler des officiers en uniforme à des jeux d'enfants, où toute leur autorité se bornait à exclure du divertissement ceux qui se laissaient aller à les tourner en dérision. Si les Spartiates militarisaient véritablement jusqu'à l'enfance, c'est qu'ils ne se faisaient pas scrupule d'user à son égard d'une rigueur en comparaison de laquelle notre loi martiale elle-même pourrait passer pour anodine. Mais notre société moderne, qui n'a aucune sympathie pour les mesures draconiennes, et qui se pique de visées progressistes et scientifiques, doit se résigner à laisser les enfants jouer aux soldats entre eux; et se donner la peine d'élaborer, en vue de leur éducation physique, un programme adapté à leur âge et aux mœurs de notre époque.

L'argument des difficultés que crée à l'instruction militaire des soldats la réduction de la durée du service actif n'a rien à faire dans cette question. Si un certain degré d'uniformité dans le maniement des armes et dans les mouvements individuels élémentaires est de toute nécessité pour rendre possibles les manœuvres en troupe, ces mouvements, en eux-mêmes, sont purement conventionnels. Les raffinements et la perfection abstraite de l'exécution sont totalement dénués d'intérêt; dès qu'ils se présentent autrement que comme le produit et le critérium de la discipline militaire. Ce que l'on parvient à en obtenir pendant la durée légale du service, si restreinte soit-elle, est, par cela même, la mesure unique et absolue de ce qu'il est désirable d'obtenir sous ce rapport.

Depuis nombre d'années, le Dr Mosso a lutté pour préserver ou pour affranchir son pays de l'envahissement de toutes ces utopies; et il n'a pas lutté sans succès. C'est en effet surtout sous l'influence de l'autorité de sa science et de la chaleur entrainante de sa parole et de ses écrits, que le gouvernement italien s'est déterminé à substituer, pour l'étude des questions d'éducation physique, à une commission d'hommes purement politiques, une commission dans laquelle les physiologistes forment la majorité.

Dans l'intérêt même du progrès scientifique, nous ne pouvons nous empêcher de regretter l'absence dans cette commission d'un représentant autorisé de l'armée. C'est par suite de cette circonstance que, dans une grave question actuellement pendante devant le parlement italien, celle de l'institution du tir à la cible scolaire, elle a failli à dissocier les éléments du problème qui se dressait devant elle. Et le point qui lui a échappé est précisément celui par lequel la physiologie avait à prendre une position tout à fait dominante dans le débat.

Au dire de la commission d'éducation physique,

l'enseignement du tir peut, sans inconvénient, être relégué dans les années du service militaire parce qu'il ne demande qu'un temps très restreint. A l'appui de cette appréciation, le D" Mosso lui-même apporte l'argument de la statistique des résultats de tirs effectués dans les corps de troupes, d'où il ressort que la presque totalité des progrès constatés se rapporte exclusivement à la première année d'instruction : c'est-à-dire, en toute rigueur, à la durée des deux ou trois mois qu'occupent effectivement, dans le courant de cette année, les exercices pratiques de tir.

Si l'on s'en tient au langage brutal des chiffres, les statistiques italiennes n'ont rien que de parfaitement conforme à notre propre expérience. Mais les conclusions qu'en tire la commission sont totalement différentes de celles auxquelles nous conduit l'analyse des influences extrèmement disparates dont ces chiffres n'accusent que la résultante.

Sous la dénomination générale d'instruction du tir, on confond constamment : 1° la correction des mouvements réglementaires du maniement des armes dans le tir; 2° la pratique des menus détails de la technique du tir, ou des « trucs » du tireur; 3° les conditions organiques et physiologiques qui concourent à la perfection du tir.

1° Nous sommes absolument d'accord avec la commission italienne d'éducation physique pour proscrire des programmes d'enseignement de la jeunesse toute singerie des mouvements conventionnels des règlements militaires, aussi bien à propos de tir qu'à propos de toute autre forme d'exercices physiques. Notre réprobation est d'autant plus absolue à cet égard que, même dans le cours du service militaire, l'allure saccadée qui est de tradition dans ces mouvements est désastreuse pour la précision d'un tir tant soit peu soutenu. En tout cas, le jugement le moins défavorable que l'on puisse porter en ce qui les concerne est que leur influence sur les résultats du tir est nulle. C'est donc particulièrement à l'occasion de ces mouvements qu'il est oiseux de rechercher dans l'exécution un degré d'habileté autre que celui qui s'acquiert sans peine au régiment.

2ᵒ Les « trucs » du tireur peuvent se subdiviser en trucs communs à toutes les armes qui comportent une ligne de mire, et en trucs propres à chaque modèle d'arme et à chaque arme individuelle. Il est incontestable que la connaissance pratique d'une collection plus ou moins variée de ces trucs, déjà acquise dans le maniement d'armes établies à peu près sur le même plan général, est une excellente préparation à leur application au tir d'une arme particulière. Mais tous ces trucs peuvent encore être acquis dans un laps de temps restreint par un sujet parvenu au degré de développement correspondant à l'âge de l'appel sous les drapeaux ; et cela, dans une mesure qui ne laisse rien à désirer, et qui n'est limitée que par l'état initial des facultés organiques avec lesquelles il se présente.

Nous avons la plus entière conviction que c'est uniquement de cet article que relève la totalité des progrès qu'il nous a été donné d'observer chez des hommes du rang ; et nous n'avons pas la moindre hésitation à y rattacher ceux qui ressortent des statistiques invoquées par le Dr Mosso. A chacun des trucs en question correspond l'élimination de quelque défectuosité de détail; et quand la dernière de ces défectuosités a disparu, l'individu a définitivement donné sa mesure, qu'il ne doit plus dépasser. La courbe de la progression de l'habileté dans le tir, à laquelle fait allusion notre auteur, ne serait donc, à ce compte, rien autre chose que la courbe classique de la loi des erreurs; et, pour chaque tireur, il serait possible de l'établir *a priori*, uniquement en fonction des données numériques qui définissent son état initial, s'il était possible d'arriver à la détermination de ces données.

3° Chez des officiers spécialement attachés aux champs de tir des écoles de tir et des corps de troupes, qui avaient la faculté de consommer des milliers de cartouches par an, nous avons eu l'occasion d'observer des progrès dont nous ne nous refusons pas à attribuer une part à un véritable perfectionnement organique. Toutefois, comme il s'agit de sujets dont la désignation pour ces emplois était déjà motivée par les preuves qu'ils avaient précédemment données d'aptitudes exceptionnelles, nous ne croyons pas ces exemples de nature à infirmer notre opinion : que, chez des hommes de cet âge, un perfectionnement de cet ordre ne peut être que très limité.

Pour justifier cette manière de voir, il suffit, croyons-nous, de pénétrer un peu plus avant que ne le fait le Dr Mosso dans l'examen des phénomènes physiologiques du tir. La gymnastique, si

bien décrite par lui, de l'œil qui se porte successivement du cran de mire sur le guidon, puis sur le
but, n'est pas toute la visée ; et n'en est même pas
la partie essentielle. Sans doute, particulièrement
à chaque coup tiré dans une direction nouvelle,
l'œil éprouve le besoin de procéder ainsi à une
reconnaissance au moins sommaire des trois points
qui déterminent la ligne de mire. Mais ce n'est
que dans le cas d'un appareil de visée inintelligem-
ment agencé, que ce papillotage de l'œil doit effectivement persister pendant toute la durée de l'opération de la visée proprement dite. Si, à cette
influence, on ajoute celle des oscillations incessantes de l'arme, et, souvent, celle de la mobilité
du but, on voit à quel concours de circonstances
heureuses les chances du tir se trouvent alors
subordonnées.

Il n'en est plus ainsi avec un appareil de visée
établi dans des conditions rationnelles. Il n'y a plus
du tout à rechercher la même netteté de perception
dans les trois plans inégalement distants auxquels
appartiennent les trois points qui déterminent la
ligne de mire. La hausse n'est plus qu'un écran
passif, destiné à intercepter la vue d'une partie
déterminée du guidon, et sur lequel l'œil n'a pas
davantage à s'arrêter qu'il ne s'arrête sur la paroi
du diaphragme ou de l'œilleton d'un instrument
d'optique.

Les trois points qui sollicitaient d'abord l'attention ainsi réduits à deux : le guidon et le but, l'impossibilité d'une vision simultanée n'est plus en
ucune façon aussi absolue ; et l'œil peut dès lors

prendre une connaissance suffisante de toute la région utile de la ligne de mire, sans avoir sensiblement à altérer son accommodation. Cela résulte de cette propriété, qu'expliquent les plus simples notions d'optique, bien qu'elle déconcerte quelque peu les profanes : que l'effort nécessaire à l'œil pour faire varier sa mise au point de la distance d'un mètre aux limites du monde visible est incomparablement moindre que celui qui correspond à la variation relative à l'intervalle compris entre 30 centimètres et un mètre.

Ainsi, d'après une « Table des profondeurs de foyer » que nous avons entre les mains, un appareil photographique de 5 centimètres de foyer, diaphragmé au dixième, dès qu'il a été mis au point pour une distance de 1 m. 30, donne une image nette pour toute distance supérieure, jusqu'à l'infini. Ou, inversement, il donne des images nettes d'objets dont la distance se réduit à 1 m. 30, s'il a été mis au point à l'infini. L'œil, qui est un appareil photographique de bien moins de cinq centimètres de foyer; qui, dans le tir en plein air et par un bon jour, est diaphragmé bien au delà du dixième, pourra concilier la perception simultanée d'un objet situé à une distance même sensiblement inférieure à 1 m. 30, et de tout objet plus éloigné : c'est-à-dire du guidon et du but.

Les conditions fondamentales du tir à la cible se trouvent donc ainsi ramenées, pour les constructeurs, à l'établissement d'une hausse qui ne tire pas l'œil sur elle, et d'un profil de guidon suffisamment perceptible pour les soldats les moins favorisés sous le rapport de l'acuité visuelle. Pour les physiologistes et les éducateurs de la jeunesse, elles se présentent avant tout comme l'une des formes du problème de la reconstitution de la vision chez les races modernes : le plus grave et le plus urgent, nous osons le dire, de tous ceux qui s'imposent à leur science et à leur dévouement.

Le régiment peut en effet, dans une large mesure, refaire des bras, des jambes, des poumons; mais il est totalement impuissant à obtenir même une amélioration appréciable d'yeux de vingt ans ruinés par l'abus de la lecture à distance trop rapprochée d'impressions exécrables, sous une lumière insuffisante ou trop éclatante, et auxquels l'éclairage électrique menace dans un avenir prochain de porter le dernier coup.

Dans ces derniers temps, les hygiénistes, les architectes, les typographes ont rivalisé de zèle et d'ingéniosité pour la rénovation du matériel d'enseignement sous l'influence duquel s'est usée la vue de tant de jeunes générations. Mais tous leurs efforts coalisés ne peuvent que rendre la lecture moins meurtrière; ils ne peuvent pas faire qu'elle cesse d'être un exercice pernicieux. Le tir à la cible, au contraire, en sollicitant l'œil à se fixer sur des objets situés notablement au delà de la distance normale de la vision distincte, constitue pour la vue un exercice hygiénique, et offre à un haut degré le caractère de la fonction qui développe l'organe qu'elle met en œuvre.

La question du tir scolaire ainsi ramenée sur le terrain du développement de fonctions élémentaires de l'organisme, il devient évident qu'on ne saurait la dénaturer plus ridiculement qu'en en liant la solution à l'emploi de l'arme de guerre, et même, simplement, des armes à feu. Aucun budget ne consentirait à faire les sacrifices nécessaires pour couvrir annuellement, par tête d'enfant, les frais de cinquante-deux séances de tir, à raison de six cartouches de guerre, ni même de six cartouches de carabine Flobert. Cependant, la prétention d'assurer le développement des organes qui interviennent dans le tir avec une consommation de six cartouches par semaine ne serait guère moins vaine que celle d'apprendre à l'enfant à marcher en lui faisant faire six pas tous les huit jours.

Si énormes, si prohibitifs que soient les frais relatifs à la consommation de munitions de guerre, ils deviennent cependant négligeables, en comparaison de ceux qu'entraîneraient la multiplication et l'entretien, sur tous les points du territoire, de stands à l'épreuve de projectiles qui traversent une épaisseur de bois de plus d'un mètre; et contre lesquels la maçonnerie elle-même n'oppose qu'une résistance éphémère.

Autant il y a d'intérêt à favoriser chez l'enfant le développement de l'aptitude au tir, autant il est essentiel de proscrire absolument du matériel d'éducation scolaire des engins aussi dispendieux et aussi dangereux que les armes à feu, et de contenir l'ambition des éducateurs dans les limites des formes de tir plus primitives : à l'arc, à l'arbalète, etc., que l'on peut établir sans aucun danger, et à peu près, sans aucuns frais, dans la cour de toute école et de toute auberge de village. C'est de ce côté que doit se porter toute la sollicitude des gouvernements désireux d'organiser l'enseignement du tir. Ils y gagneront qu'après avoir couvert les dépenses très modiques de la première installation, ils seront débarrassés de toute préoccupation d'avoir constamment à compter avec le nombre des coups tirés.

Si, comme le constate avec regret le D' Mosso, la faveur publique s'est détournée de ces exercices sans prétention qui faisaient le bonheur de nos pères, cela est dû, sans aucun doute, en grande partie, au fait que tous les encouragements officiels se sont depuis longtemps exclusivement portés sur les grands concours de tir à l'arme à feu, dans lesquels les champions des deux mondes réalisent des prodiges d'adresse à l'aide des engins les plus perfectionnés. Cependant, si, au point de vue de la question si grave de l'évolution de la faculté du tir, la participation au tir à l'arme à feu peut être proposée comme une première récompense de progrès déjà réalisés, ce tir lui-même est impropre à former le fond d'un enseignement scolaire pratique. C'est assurément un luxe de bon aloi; mais ce n'est qu'une superfluité, que l'on ne peut se flatter de jamais amener à la portée de tous. C'est, si l'on veut, le dessert, qui orne agréablement les tables somptueuses, mais dans lequel nul ne songerait à chercher les éléments du régime substantiel qui seul peut développer les muscles du travailleur et du soldat.

Nous avons dit que la question du tir est avant tout, au point de vue physiologique, l'une des formes

b.

du problème de la reconstitution de la vision chez les races modernes. Ce même problème se représente en effet sous des aspects variés, d'un intérêt également capital pour le physiologiste et pour le militaire, et qui offrent ce caractère commun : que toute solution est fatalement condamnée à demeurer stérile si elle n'a son origine dans l'éducation première de l'enfance. Nous citerons : la vision dans l'obscurité; le sens de l'orientation de jour et de nuit en l'absence de tout indice positif; l'art de l'orientation à l'aide d'indices positifs, naturels ou artificiels; puis, progressivement, ce même art développé en science à l'aide des méthodes et des instruments de la technique moderne.

La puissance toujours croissante de l'armement a, depuis longtemps déjà, appelé l'attention des militaires sur les avantages que présenteraient des opérations de nuit. Mais la faculté de se mouvoir avec confiance dans les ténèbres est une de celles qui ont été le plus profondément altérées; et qu'il est le plus chimérique de songer à rétablir dans des yeux de vingt ans qui n'ont jamais connu d'autre obscurité que celle qu'éclaire une veilleuse ou un bec de gaz. A part l'absurdité qu'il y a à spéculer, pour reconstituer cette faculté, précisément sur la période de son existence où l'on interdit au jeune homme de se promener la nuit à sa guise; la totalité de la durée du service actif, exclusivement consacrée à des exercices de nuit, serait sans effet appréciable pour réveiller un sens irrémédiablement atrophié. Le seul résultat pratique possible de tels exercices, c'est de faire reconnaître les sujets chez

lesquels ce sens n'est point encore complètement
aboli. Quant à l'éducation des autres, elle ne peut
avoir d'autre acception que celle du dressage de
l'aveugle qui s'exerce à suivre son chien ; et les illusions qui règnent à cet égard dans certains cercles
militaires ne sont qu'un témoignage de la légèreté
avec laquelle y sont parfois envisagées les notions
les plus élémentaires et les plus essentielles de la
physiologie du soldat.

Si la commission italienne d'éducation physique
paraît avoir laissé en dehors de son programme le
problème de la reconstitution de la vision sous
toutes ses formes, nous tenons de bonne source
que ce n'est aucunement que la question ait échappé
à son attention, ni qu'elle en ait méconnu la gravité.
C'est plutôt qu'ayant mûrement pesé les difficultés
des solutions pratiques, elle a désespéré de son pouvoir de faire accepter, dans les méthodes actuelles
d'éducation, des réformes aussi profondes que celles
que devrait nécessairement entraîner la poursuite
d'un pareil but ; et elle a jugé à propos de s'abstenir
d'éveiller des aspirations auxquelles elle ne se sentait pour le moment en mesure de donner aucune
espèce de satisfaction.

Il nous semble cependant que cette impuissance
d'obtenir des résultats immédiats n'était pas un
motif suffisant pour justifier un silence aussi absolu,
dans un document qui a, dans une certaine mesure, le caractère d'une déclaration de doctrine
scientifique et sociale. Si bornées que puissent être
les espérances prochaines, une mention, tout au
moins, de la vision à reconstituer doit, à notre avis,

figurer en première ligne au programme de régénération physique de la jeunesse, qu'il incombe aux physiologistes de faire sans relâche retentir aux oreilles du pouvoir et de l'opinion publique, comme le REÆDIFICANDA *Carthago* des races civilisées.

La question du tir scolaire n'est pas la seule dans laquelle le Dr Mosso poursuit les prolongements de l'éducation physique de la jeunesse dans la physiologie du soldat. Ce n'est pas non plus la seule à l'occasion de laquelle il nous montre quelle lumière la physiologie peut porter dans l'étude de certaines questions militaires, en même temps qu'il nous donne lieu d'apprécier quelle fusion intime doit s'opérer entre les vues du physiologiste et celles du militaire, avant qu'il soit permis d'étendre au maniement des masses les conclusions pratiques des observations faites sur l'individu.

Une des préoccupations constantes de nos études a été de lutter contre la tendance générale à l'introduction dans la pratique militaire de données basées sur des *moyennes*. Pour le savant qui, dans des vues de science pure, se livre à l'observation abstraite de phénomènes dont il ne prétend pas influencer la production, c'est incontestablement la moyenne qui est l'expression la plus naturelle des résultats enregistrés. Aussi, quand l'autorité militaire s'avise de faire appel à la compétence des grands corps savants, spécialement sur des points touchant à la physiologie, est-ce invariablement par des moyennes qu'il lui est répondu.

Cependant, il est de toute évidence que le principe de la moyenne, posé sans restriction comme solution universelle de tous les problèmes de sociologie pratique, et, en particulier, des problèmes militaires, implique l'acceptation, comme éventualité normale, de la destruction d'une moitié des êtres soumis au régime qu'il définit.

Régler l'allure ou la longueur d'une marche sur les forces de la moyenne, ou bien l'alimentation sur les besoins de la moyenne, c'est, par définition même, consentir d'avance à laisser la moitié de son monde en route, ou en vouer la moitié à l'inanition, alors que les circonstances générales ne devront encore elles-mêmes être considérées que comme moyennes.

Le chef militaire, totalement inconscient de la limite des possibilités physiologiques, n'est que trop enclin à accepter ces solutions, quand il ne va pas jusqu'à laisser absorber son attention par les sujets d'exception : le moins exigeant, qui simplifie sa tâche, ou le plus brillant, qui flatte son amour-propre. Le physiologiste s'y arrête volontiers, fort de sa formule, dans laquelle il se complaît à voir l'expression de ce qui devait être. Ancien médecin militaire et observateur consommé, le Dr Mosso ne pouvait se faire illusion sur la complexité du problème. Cependant, après en avoir dégagé les termes avec une netteté qui ne peut être dépassée, il hésite encore à formuler la conclusion. C'est à peine s'il fait quelque difficulté pour souscrire aux appréciations du Dr Kelsch, présentant, avec le plus grand sang-froid du monde, la disparition des deux cinquièmes de l'effectif d'une armée, sous la seule influence des fatigues des quinze premiers jours d'une campagne, comme la conséquence inéluctable d'une de ces lois de la nature devant lesquelles le commandement ne peut songer qu'à s'incliner.

Il est à remarquer que cette proportion n'est pas très éloignée de celle à laquelle doit effectivement aboutir comme premier résultat une méthode de conduite des troupes basée sur la moyenne. Toutefois, la logique du principe ne s'arrête pas là. Entre les survivants, elle impose l'obligation d'établir une nouvelle moyenne, qui produira les mêmes effets; et ainsi de suite, de proche en proche, jusqu'à ce que, de toute une armée, il ne subsiste plus que deux individus, entre lesquels on établira finalement une moyenne, qui supprimera l'avant-dernier.

Si désastreuses que soient par elles-mêmes les conséquences pratiques du principe de la moyenne, elles sont cependant très aggravées par les illusions qui ont cours au sujet de l'entraînement. Il n'est pas actuellement un auteur militaire qui, en cherchant à pénétrer le mystère dont sont enveloppées les opérations des armées de l'avenir, ne fasse entrer en première ligne dans ses spéculations le haut degré d'entraînement des troupes qui y prendront part. Il semblerait à les entendre que ces armées, à l'instar de celle de Fabius, auront tout loisir de prendre leur temps pour se mettre en route. En réalité, dans la prochaine guerre, les armées françaises seront devant Berlin, ou les armées allemandes seront de nouveau devant Paris, en moins du quart des délais qu'exigeait Fabius pour entraîner ses soldats avant de se décider à ouvrir la campagne.

C'est avec des tailleurs et des épiciers, descendant du train qu'ils auront pris au sortir de leur atelier ou de leur boutique, que seront livrées des batailles dont l'influence sur les destinées du monde sera décisive. C'est donc sur des troupes dépourvues d'entraînement à un degré dont le passé ne nous offre aucun exemple que devra tabler, sous peine de faillir honteusement à sa tâche, la logistique de l'avenir.

C'est surtout à ce point de vue que devient dangereuse la tentation de transporter aux levées fournies par la mobilisation générale les conclusions déduites de l'observation des soldats du temps de paix. Les mobilisations partielles des manœuvres annuelles ne peuvent elles-mêmes apporter que des indications à peine moins sujettes à caution. L'épreuve est toujours de durée restreinte et exactement connue d'avance; les plus malheureux trouvent pour l'alléger des ressources qui, dans une campagne réelle, seraient bientôt épuisées; les plus chétifs sont soutenus par la perspective prochaine dû terme qui ne peut être reculé.

On tient en marine pour axiome que la vitesse d'une flotte en tant que flotte est la vitesse du bâtiment le plus mauvais marcheur de la flotte. C'est un axiome dont les chefs des troupes de terre ne sauraient trop se pénétrer. En mer, la disparition d'un vaisseau est un fait dont la gravité tombe trop brutalement sous les sens pour échapper à l'observation la plus superficielle, ou pour laisser prise à la discussion. Sur terre, où les pertes se produisent par une progression imperceptible et incessante, ce n'est qu'à force d'expérience et de tact servis par une vigilance sans cesse en éveil, que le général pourra discerner le moment où le déchet normal, inséparable du fonctionnement de tout organisme, se transforme en un coulage précurseur d'une imminente et complète dissolution.

Nulle part n'est plus vraie qu'en logistique la maxime du fabuliste : « Tout n'est pas de courir; mais d'arriver à point ». Arriver à point, n'est même pas tout ici : il faut arriver *en bon point*, dans la plénitude de ses moyens, pour pouvoir frapper des coups décisifs. Et pour ce faire, il n'est pas de méthode plus dangereuse que de courir à perdre haleine. Il est assurément des circonstances dans lesquelles un chef de troupes est pleinement justifié à mettre dix mille hommes en route pour en faire arriver six mille. Mais celui qui, sans autre mobile que sa foi dans le dogme de la moyenne, se met en campagne avec le parti pris de faire son ordinaire de semer le long du chemin les deux cinquièmes de ses effectifs, conduit sûrement son armée à la ruine, et marche lui-même au déshonneur.

Pour conjurer une telle catastrophe, il n'est pas d'autre parti à prendre que celui de se résigner à combiner ses opérations non d'après les sujets d'élite et les soldats entraînés, non même d'après la moyenne, mais d'après les sujets médiocres n'ayant subi aucune espèce d'entraînement. Si cette conclusion semble pour le moment décourageante, c'est par la régénération de la population civile elle-même qu'il faut prendre à cœur de l'amender, en préparant l'avènement d'un temps où les sujets médiocres seront devenus égaux aux sujets d'élite d'aujourd'hui. Et cette réforme, c'est uniquement par l'éducation physique de la jeunesse qu'il est possible de l'aborder.

Cette vérité semble avoir été comprise par toutes les nations modernes, qui toutes se sont résolument mises à l'œuvre en ce sens. Et, au milieu des terreurs que ne peut manquer de faire naître pour l'avenir la militarisation actuelle de toute l'Europe, c'est un spectacle réconfortant de constater que, jusqu'ici, elle n'a eu d'autre conséquence effective que de déterminer un concert universel d'efforts communs pour enrayer la décadence physique et morale des races civilisées.

Tous ces efforts cependant demeureraient stériles s'ils n'étaient soumis à une direction rationnelle. C'est ce qu'ont également senti tous les gouvernements qui, de toutes parts, font appel aux lumières de leurs savants les plus autorisés. Dans ce mouvement général des esprits, la ville de Paris a tenu à honneur d'affirmer sa place à l'avant-garde de la civilisation ; et, dans cette préoccupation, elle a institué cette station physiologique du Parc des Princes, où, par des travaux impérissables, le Dr Marey a marqué à notre génération le point de départ et la voie à suivre, en même temps qu'il accumulait, pour l'usage de la postérité la plus reculée, les documents authentiques à l'aide desquels elle pourra mesurer l'espace parcouru et les progrès réalisés.

Parmi tous ceux qui, tant en France qu'à l'étranger, se sont engagés dans la voie ainsi tracée, il convient de citer au premier rang le Dr Mosso, que préparait particulièrement à cette tâche son existence cosmopolite, existence modèle de savant de notre époque. Pour lui, en effet, les milieux universitaires de Leipzig ou de Cambridge n'ont pas plus de secrets que son propre laboratoire de l'université de Turin, sur lequel ses recherches originales jettent journellement un si vif éclat. Tandis que sa science lui ouvrait toutes les portes, son caractère lui assurait toutes les sympathies. Également initié à toutes les méthodes, il pouvait ainsi en suivre sur place les conséquences, en se mêlant à l'existence intime des sociétés dans lesquelles elles se reflètent. De tous les souvenirs de ses pérégrinations en dehors de son pays, disons cependant que celui vers lequel se portent plus particulièrement ses prédilections est celui de la station du Parc des Princes et de son chef vénéré, dont, bien que depuis longtemps passé maître lui-même, il se plaît toujours à se reconnaître l'élève.

Dans la comparaison à laquelle procède le Dr Mosso entre les méthodes auxquelles l'opinion s'est arrêtée dans les différentes contrées pour l'éducation physique de la jeunesse, son éclectisme éclairé repousse au même degré la gymnastique compassée des Allemands, et le faux militarisme de nos bataillons scolaires, pour se rallier à la formule anglaise : celle des jeux de plein air, qui forment les caractères, en même temps que les muscles, et qui développent au plus haut degré chez l'enfant, avec la confiance en soi-même, le sentiment de la responsabilité dans la liberté. Il s'arrête toutefois avec complaisance à la méthode suédoise, si bien étudiée par M. Demeny et le Dr Lagrange ; méthode conçue dans un véritable esprit scientifique, en vue d'assurer chez la jeunesse l'équilibre du développement des muscles et l'harmonie de toutes les fonctions de l'organisme, sous un climat dont la rigueur rendait impraticables pendant la plus grande partie de l'année les sports tout extérieurs des écoliers anglais.

En nous demandant de convier en son nom le public français à porter en dernier ressort sur ses conclusions un jugement qu'il prise au-dessus de tout autre, notre ami, séduit par notre programme et gagné par notre conviction, était désireux de nous voir marquer la place de *L'éducation physique de la jeunesse* dans le cadre de la technologie militaire. Ce n'est, hélas ! que dans un cadre à peu près vide qu'il nous est donné de le présenter. Nous croyons toutefois avoir suffisamment montré que ce cadre est à la taille des problèmes scientifiques et sociaux les plus variés, sans en excepter les problèmes physiologiques. Nous laissons à l'ouvrage de faire voir quel relief en reçoit leur solution, et avec quelle vigueur s'y accuse, au point de vue de la paix comme au point de vue de la guerre, leur influence sur les destinées des nations et sur l'avenir de l'humanité.

V. Legros.

L'ÉDUCATION PHYSIQUE

DE LA JEUNESSE

CHAPITRE PREMIER

L'ÉDUCATION PHYSIQUE EN ITALIE SOUS LA RENAISSANCE

I

Vittore des Rambaldoni fut célèbre parmi les éducateurs de la jeunesse. Il était né à Feltre en 1378. On l'appelait plaisamment Vittorino à cause de sa petite taille.

Ce fut un homme d'action qui écrivit peu et se consacra entièrement à l'enseignement.

Un de ses disciples, Francesco Prendilacqua [1] raconte que le pape Eugène IV ayant vu Vittorino prosterné à ses pieds, s'enquit de son nom (il ne le connaissait que de réputation) et l'ayant appris, s'écria : *Quelle grande âme dans un si petit corps.* Et se tournant vers ses familiers : *Si je n'étais pontife*, ajouta-t-il, *je me lèverais devant un aussi grand homme!*

Le nom de Vittorino de Feltre et ses mérites dans le domaine de l'éducation physique sont devenus tellement populaires, et l'on a tant écrit à son sujet en Italie et au dehors [2], que je suis presque mal à mon aise pour en parler.

Mais il est un tribut que je suis tenu de payer à la mémoire de celui qui fut notre maître à tous sur le terrain de l'éducation physique. Je le ferai en me bornant à transcrire un fragment des notices biographiques léguées par son disciple Francesco Prendilacqua.

« Mantoue était gouvernée alors (1425) par Jean-François Gonzague, prince illustre par sa grandeur d'âme et par sa fortune. Comme il était

---

1. FRANCESCO PRENDILACQUA, *Intorno alla vita di Vittorino da Feltre*. Dialogue traduit par G. Brambilla, Côme, 1871, p. 56.
2. C. ROSMINI, *Idea dell'ultimo precettore nella vita e disciplina di Vittorino da Feltre*. Bassano, 1801.

d'un esprit très éclairé, il s'inquiétait tout particulièrement de l'éducation de ses propres enfants; et quelquefois il s'entourait de conseils avec beaucoup de circonspection. Un beau jour, le Vénitien Patrizio, avec qui il était justement lié d'intimité, le renseigna sur la vie et les habitudes de Vittorino. Le prince en conçut un pressant désir de l'avoir auprès de lui et le fit inviter par celui-ci à remplir les fonctions de précepteur de ses fils, s'en remettant à lui Vittorino pour sa rémunération. En conséquence, il fit installer pour l'usage de Vittorino et de ses élèves une maison qui fut appelée *La Giocosa*[1], en raison des peintures variées qui y figuraient une nombreuse jeunesse se livrant aux jeux.

« Dès son entrée, Vittorino sembla s'y complaire. La maison comprenait des tonnelles et des promenades exquises qu'il jugeait très appropriées aux gymnases...

Il ne laissa pas inculte et ne négligea en aucune façon le corps de ses élèves. Car dès que leurs tendres années furent aptes à la fati-

---

1. La Joyeuse.

gue, il les exerça journellement à monter à cheval, à lancer des flèches, à lutter, à bien manier l'épée, à rivaliser d'adresse à l'arc, à la balle, et à la course. Ensuite, entre enfants de même âge, il les fit se prendre à bras le corps, simuler des batailles comme les enfants en ont l'habitude en jouant à la guerre, enlever des positions, endurer le soleil et la chaleur, et, de cette façon, il leur permettait de tout remplir de poussière comme de vacarme. Il ne s'épargnait ni labeur ni tracas pour tenir ses élèves en société, car il voyait d'un mauvais œil chez les enfants la solitude, ce grand inspirateur des méfaits.

« Une telle multitude de gens se sentirent attirés vers lui, qu'il en tira occasion de réaliser magnifiquement ses propres projets. Il se fit donc installer une autre maison destinée à accueillir tout nouvel élève. Il n'en repousse aucun, fournit à chacun le nécessaire. De tous côtés il recueille des livres, en fait lecture. Il traite sur le même pied les pauvres, les fortunés ou, tout au moins, nourrit les premiers avec l'argent reçu des derniers. »

Quelques collèges anglais, dont je parlerai

bientôt, sont plus anciens que *La Giocosa* ; mais ils étaient entre les mains des évêques et des ordres religieux. C'est à l'Italie que revient l'honneur d'avoir fait le premier pas dans la voie de l'éducation civile et laïque. Déjà chez nous, avant la fin du moyen âge, l'enseignement se rendait indépendant de l'Église. Les études et les centres d'éducation ressortissaient des communes et étaient souvent des institutions particulières.

II

Le livre de Mafeo Vegio *Sur l'éducation des enfants* [1] est l'un des premiers qui furent imprimés à Milan. J'ai voulu lire ce petit volume publié par Leonardo Pachel en 1491. Les caractères sont identiques à ceux de la Bible de Gutenberg de 1455 et même, dans ce livre, les initiales sont encore faites à la main.

Mafeo Vegio parle de l'éducation physique avec une connaissance de la physiologie con-

1. MAFEI VEGII, *De educatione liberorum*. Milan, 1491.

forme aux idées dominant à l'époque, en médecine. Je traduis quelques lignes de cet ouvrage pour montrer combien sont anciennes les idées que nous voudrions voir revivre comme base de l'éducation physique.

« Ils (les jeunes gens) seront exercés, pour chasser la paresse du corps, à la gymnastique, à condition qu'elle ne soit pas violente. On pourra, en outre, les dresser convenablement au moyen des jeux, qui ne devront être ni trop mous ni trop fatigants, mais, par-dessus tout, jamais indignes d'un homme libre. »

Burckhardt a dit que la Renaissance italienne fit disparaître les inégalités des conditions sociales provenant de la naissance, que la société devrait être éternellement reconnaissante à l'Italie d'un pareil événement [1].

Au commencement du xvi⁰ siècle, les princes et les grands personnages eux-mêmes s'exerçaient sous les yeux du peuple et s'amusaient en public comme cela se pratique actuellement en Angleterre.

Pour nous faire une idée de la vie intime des

—————

1. F. Burckhardt, *Die Cultur der Renaissance in Italien*, t. II, p. 72.

prélats à la cour de Rome, je traduis quelques fragments de l'ouvrage *De cardinalatu* de Paolo Cortèse, imprimé en 1510 [1].

Au chapitre *De regimine sanitatis*, parlant des divers moyens de conserver la santé, il traite des exercices du corps dans un esprit tout phy-siologique et avec de minutieuses descriptions dignes d'un médecin.

Au sujet du jeu de balle, à la page LXXVII, il dit : « Le jeu du ballon (à air comprimé) est celui qui, selon la mémoire de nos aïeux, a été, dit-on, institué selon les principes de la pneumatique par Nicolo d'Este, et qui est actuellement divisé chez nous en quatre variétés :

« La première au poing; la seconde à la lame à poing (*ceste* ou *brassard*); la troisième au trépied; la quatrième avec la poussée et le renvoi du pied, qui chez les anciens est appelée *harpastum*.

« Comme cette variété, en réalité, blesse les membres par le poids et le choc, et comme on ne peut s'y livrer sans compromettre le prestige patricien il ne convient en aucun cas de l'introduire dans les habitudes des cardinaux.

---

1. *De cardinalatu ad Julium Secundum Pont. Max.* per PAULUM CORTESIUM, Pronotarium apostolicum, MDX, libri tres.

« Mais en revanche la variété de la balle au triangle qui doit être principalement la balle florentine, soigneusement celle-là remplie de bourre de foulon, peut paraître supérieurement appropriée à l'usage des plus nobles princes, vu qu'elle est plus commode à cause de la réduction du poids et du volume.

« En réalité, on divise cette variété de jeu (au triangle) en quatre catégories distinctes :

1° L'escafe ;

2° Le triangle ;

3° La balle au mur ;

4° La balle à la corde.

« Le premier est celui où le ballon, une fois jeté à terre, est lancé avec la plante du pied. Mais en raison de la longueur incertaine du trajet, et comme, de plus, le corps est fréquemment sollicité à se baisser et perd ainsi l'équilibre, le résultat en est d'intéresser particulièrement les lombes, parce que la nature s'oppose à ces mouvements : par suite, on peut constater très facilement que ce jeu ne peut que médiocrement contribuer à la santé du corps et à la dignité de la vie.

« Par contre, le triangulaire est celui que

nous voyons habituellement se pratiquer dans le jeu du ballon en triangle. Mais comme il est trop limité par l'exiguïté de l'espace et très défectueux à cause des trois coins, il surmène dans le cours du jeu le corps de l'homme. Car il est manifeste que dans un court trajet le corps se fatigue très vite. De plus, par la triple alternance de battre et rebattre, le sens visuel s'affaiblit beaucoup, ou bien la tête remue trop vite, et le vertige survient promptement.

« Vient ensuite celui de la balle au mur qui peut se définir ainsi : on trace une ligne d'où l'on joue au mur afin de limiter la place d'où chasser la balle.

« Mais, en réalité, ce jeu étant ou trop échauffant à cause de la course, ou trop long à cause de l'effort du lancement, nul ne peut douter qu'il ne soit plutôt à abandonner aux paysans qui sont moins sujets à être abattus par un amusement fatigant.

« Enfin, le jeu de la balle à la corde est celui où la salle ou bien le triclinium est divisé par une corde transversale, par-dessus laquelle on chasse la balle tour à tour, jusqu'à ce que l'on atteigne la marque fixée par le jeu, laquelle détermine

1.

le rang des victoires. Dans ce jeu, le corps se mouvant simultanément avec les bras, on peut très aisément affirmer qu'il est apte à conserver la santé. Car cette allure modérée, la brièveté mesurée du pas, la marche, les inclinaisons et le but pas trop éloigné, et aussi, l'interruption des demandes qui, pour ainsi dire, arrêtent et font attendre le jeu, tout cela aide beaucoup à respirer et à jouer avec plus de calme.

« De même il arrive que l'esprit se trouve égayé, joyeux, à cause des péripéties du jeu, à cause de l'élégance dans l'envoi de la balle, de la riposte du renvoi, de la connaissance et presque de la divination de l'endroit où elle ira tomber, de la reprise des adversaires et du relancement avec la paume de la main repliée; cela donne encore un aspect très riant à la manœuvre et aux façons. »

Si l'on disait, à l'encontre de la mémoire de nos aïeux, que le cardinal Isidoro Rutenio avait l'habitude de se servir de *cette canne perforée par laquelle on chasse une bille de glaise* (tir à la sarbacane), ce serait vraiment le moment d'affirmer que, de cette façon, il causait un grand préjudice à sa personne et à sa dignité, car il est très clair que l'haleine comprimée a la vertu de sentir mauvais et que ce n'est pas précisement digne de voir un cardinal souffler dans un tuyau. Le cardinal Giovanni Tricaricense s'adonnait à ce jeu dans lequel *une boule de bois chassée par un marteau passe dans un cercle de fer*[1].

III

L'éducation physique moderne, que l'on pratique dans les collèges et dans les universités d'Angleterre, tire son origine de l'Italie. Les jeux étaient en vigueur depuis de longues années dans nos universités, à l'époque où le célèbre Harvey, qui découvrit la circulation du sang, étudiait la médecine à l'université de Padoue.

« Un jour, une belle société de jeunes écoliers, aussi nourris de lettres que vaillants de corps, était réunie dans l'arène de Padoue, comme il est d'usage en cette ville, à l'époque du carême.

---

1. Ce jeu s'appelait anciennement le *jeu de mail* ou *boule au mail*.

Quelques aimables esprits soulevèrent à propos un débat sur les exercices du corps, démontrant par de très beaux discours leur grande utilité pour les mortels, et combien spécialement ils convenaient aux soldats et aux gens appliqués aux lettres. Et parmi ceux-ci le jeu du ballon en général et celui de la corde en particulier furent préconisés comme les exercices les plus recommandables [1]. »

Il Bardi, dans un discours sur le jeu à l'escafe [2], qu'il publia en 1573, dit que même les princes et les hommes les plus nobles ou les plus notables de la ville y participaient. Quand on le jouait à l'occasion de fêtes solennelles, c'était toujours avec de très riches costumes. Et l'on appelait cela l'escafe en livrée, comme il en est fait mention dans toutes nos chroniques. C'était une des plus grandes fêtes que l'on donnait à Florence aux réceptions des princes et

1. SCAINO, *Trattato del giuoco della palla*, capitolo XVI. Disputa havuta fra dui Scolari de'quali uno era Francese e l'altro Spagnuolo, p. 171.

2. Nous avons cru devoir, pour éviter tout anachronisme, traduire *il giuoco del calcio* par la dénomination, tout aussi archaïque, du jeu français correspondant, du *ballon à l'escafe* (d'*escafignon*, chaussure légère), bien que l'on reconnaisse dans sa description l'*Association football* des Anglais. (N. du trad.)

princesses et des ambassadeurs étrangers. Le lieu où l'on avait coutume de se livrer à ce jeu était toujours la place Santa Croce convenablement aménagée.

Les Florentins s'y livraient aussi, quelquefois hors de leur propre ville, pour s'amuser à leur manière, comme on le lit dans les Mémoires du chevalier Tommaso Rinuccini où il est dit : « Lorsque, en 1575, Henri III, roi de Pologne, partit de ce pays à la suite de la mort de son frère Charles IX, pour prendre en France le gouvernement de ce royaume, il passa par Lyon en France. Les Florentins qui habitaient cette ville, lui donnèrent le spectacle d'un jeu à l'escafe auquel participèrent tous les nobles de Florence comme ils avaient l'habitude de le pratiquer dans leur propre ville.

« Ils déléguèrent auprès de Sa Majesté, pour l'inviter au nom de leur nation à assister à la fête, deux très beaux gentilshommes de haute stature, Pierantonio Bandini et Pierfrancesco Rinuccini, appartenant à la même nation (qui furent les deux Alfieri du « jeu à l'escafe-pied » en question).

« Le roi Henri accepta l'invitation et assista au

jeu. En s'entretenant avec eux, avant qu'ils ne prissent congé de lui, il leur demanda si tous les Florentins étaient grands et beaux comme eux. »

Parmi ceux qui jouèrent à l'escafe sur la place Santa Croce de Florence, on distinguait, au milieu d'un grand nombre de seigneurs de haut rang et de barons d'Italie et d'outre-monts, les personnages et princes suivants : Laurent, duc d'Urbino; Alexandre, duc de Florence; Cosme Ier, grand-duc de Toscane; François, grand-duc de Toscane; Vincent, prince de Mantoue; Cosme II, grand-duc de Toscane; Laurent, fils du grand-duc Ferdinand Ier, et François, second fils du même grand-duc Ferdinand Ier; Henri, prince de Condé; Jean-Charles et Mathias, fils du grand-duc Cosme II et plusieurs nobles florentins qui plus tard furent élevés à la chaire de la cathédrale de Saint-Pierre : Jules de Médicis, plus tard Clément VII; Alexandre de Médicis qui fut Léon XI, et Maffeo Barberini qui devint Urbain VIII.

IV

Dans la cité de Ferrare, beaucoup mieux qu'en tout autre endroit de l'Italie septentrionale, on peut se transporter aisément, par l'imagination, à l'époque de la Renaissance. Son histoire témoigne de l'enthousiasme qui régnait alors dans le peuple italien pour les jeux de force et d'adresse.

Le château de Ferrare, de pur style xv⁰ siècle, s'élève intact avec ses murs rougeâtres et ses tours majestueuses qui dominent la cité.

A peine a-t-on traversé le pont-levis, le grand fossé, et pénétré dans le labyrinthe de cette grande bâtisse, que l'on sent renaître la poésie. Et l'on se remet à vivre dans l'entourage où fleurit une des cours les plus illustres de l'Europe. Bellini et le Titien ont travaillé à l'ornement des parois de ces murs. C'est pour ces salles que furent exécutées ces tableaux célèbres qui font maintenant la gloire des musées de l'Europe. C'est entre ces murs que furent hébergés Buonarotti et Cellini; l'Arioste y vécut longtemps, et y écrivit son poème immortel.

Dans la salle dite *du Conseil*, dont les murs étaient décorés de damas et de tapisseries, on remarque encore, bien conservées, les superbes peintures des frères Dossi représentant des jeux et des exercices gymnastiques d'origine grecque et latine. On y voit le jeu des gros ballons, le lancement des cerceaux et des disques, les exercices à la manivelle, la natation, la danse pyrrhique; et, au sommet de la voûte, la course sur la brigue et autres jeux divers de balle.

« Pas moindre, ne fut non plus, dit Citadella dans l'histoire du château de Ferrare, le luxe des tournois, des quintaines, des carrousels, ou tout autre nom qu'on veuille donner aux jeux chevaleresques de ce temps, si nombreux à la cour des Este. Tous étaient constamment entraînés à la guerre, à ce qui servait à renforcer les membres et à les endurcir à la fatigue. Au carnaval, ces jeux étaient plus fréquents, en particulier celui des petites cabanes ou de la barricade attaquée.

« Dans un canal de Ferrare, vers la fin du XVIᵉ siècle, une régate ou course de petites barques fut exécutée en présence du pape Clément VIII par trente femmes de Comacchio, avec des prix consistant en pièces de satin et autres cadeaux [1]. »

Le plus célèbre mémoire sur les jeux de cette époque est le fameux traité de la balle de Scaino.

Deux joueurs renommés à la balle à la corde, Gian Ferrando, Espagnol, et Gian Antonio, Napolitain, étaient venus à Ferrare, pour faire montre de leur adresse. Une discussion s'étant élevée en présence d'Alphonse d'Este sur la façon d'interpréter le jeu et nul ne pouvant décider quel était le vainqueur, messire Antonio Scaino de Salo se décida à écrire un livre sur le jeu de la balle. « J'ai l'intention, dit-il, de soumettre tous les cas douteux qui existent en très grand nombre, qui peuvent et sont de nature à surgir dans ce jeu, à des lois et à des règlements bien fixes. Cette entreprise est, à la vérité, vaste et laborieuse. Je n'en prends pas moins volontiers la charge, afin que, la manière de jouer une fois comprise de tout le monde, l'occasion de crier et de contester, et la difficulté de

---

1. L. Napoleone Cittadella, *Il castello di Ferrare*. Ferrare, 1875.

juger les cas qui se présentent journellement au jeu, se trouvent supprimées dans la plus grande mesure possible. »

Le *Trattato del giuoco della palla* de *messer Antonio Scaino*, publié à Venise en 1555, est un traité complet de 315 pages avec de nombreuses gravures, où toutes les variétés du jeu de balle sont décrites et où tous les détails les plus minutieux sont donnés de façon très concrète, jusqu'aux souliers « qui doivent avoir des semelles en peau de buffle ».

Scaino ne publia pas ce traité du jeu de balle, pour le plaisir d'avoir fait un livre de récréation; mais son penchant pour l'hygiène, et le désir de rendre les jeunes gens forts et vigoureux paraissent évidents à toutes les pages, spécialement dans les chapitres destinés à démontrer combien l'exercice du corps est utile — comment cet exercice du corps, pour être efficace, doit être subordonné à la médecine — de quelle façon on doit choisir les exercices — dans quelle mesure on doit s'y livrer; il règle les exercices selon les différences de complexion et l'âge des joueurs, etc., etc., et ce désir apparaît également dans tous ses conseils et dans ses règles d'hygiène relatives aux divers jeux. En Angleterre, il s'est imprimé et il s'imprime continuellement tant d'ouvrages de *sport* qu'on en pourrait former une bibliothèque. En Italie, si l'on excepte la Renaissance, ce genre de livre manque presque totalement.

Scaino décrit toutes les formes de balles et de jeux à la balle pleine et à la balle à vent, le jeu du ballon et celui à l'escafe, à la balle à distance et à la corde, puis tous les détails sur la raquette et de quelle façon il faut la tenir — et tout cela avec une exactitude et une minutie de détails telles que les livres modernes anglais sur la balle semblent presque des traductions de ce traité vieux de trois siècles.

Au chapitre VII : *Combien il y a de manières de jouer à la balle et quelles elles sont*, Scaino dit : « Le jeu de balle, soit avec une balle pleine ou une balle à vent, ne peut se pratiquer, si l'on n'y apporte pas des conventions de détails, car il faut que la balle soit lancée, ou de main ouverte, de poing armé, ou à l'aide d'instruments, et que le jeu s'exécute à la distance ou bien à la corde. A cette fin il y aura six manières principales de jouer : deux à la balle à vent et quatre à la balle pleine, et, d'entre celles de la balle à vent, l'une s'appelle jeu de ballon ou bien au poing soit parce que cette balle est toujours plus grosse que toutes les autres, soit parce qu'on la lance au poing armé. L'autre est appelée jeu de balle au banc parce que la balle est lancée avec un instrument pris en mains et ressemblant à un banc. Ensuite, entre les manières de la balle pleine, que beaucoup appellent encore la petite balle, il est un jeu dit de la balle à main à distance, et un autre est appelé jeu de balle à raquette à distance. Le troisième est un jeu à la main avec la corde. Le quatrième et dernier est celui de la raquette avec la corde. »

J'aurai encore l'occasion d'1 parler au chapitre suivant de ce célèbre livre de Scaino.

V

Il y a déjà plus de deux cents ans que fut imprimé le livre de Mercuriali, *De arte gymnastica* avec les superbes dessins de Coriolano, et nous n'avons plus rien fait qui le dépasse sous le rapport artistique.

Mercuriali fut un des plus célèbres médecins de son temps. Il traita lui aussi la gymnastique au point de vue physiologique. Dans le titre même de l'ouvrage il est dit que ce livre est utile pour la connaissance non seulement des choses anciennes, mais aussi de celles qui servent à conserver la santé.

La gymnastique a causé un grave préjudice à l'éducation physique moderne en faisant disparaître tous les jeux où l'on court et qui requièrent la hardiesse, la dextérité et un mouvement naturel rapide. Aujourd'hui, lorsque ces pauvres gamins s'avisent de sortir dans la rue et sur les places publiques, pour jouer à la balle, les gardiens leur donnent la chasse comme à des chiens enragés. Il n'en était pas ainsi en des temps meilleurs, lorsque les Italiens étaient le peuple le plus civilisé et le plus riche. A Florence, au printemps, la jeunesse s'exerçait à la balle et au jeu de paume, et en hiver au jeu de l'escafe et à d'autres exercices gymnastiques.

Nous avons bien des preuves que les différentes variétés de jeux de balle ont été un divertissement populaire. Il suffit de rappeler les chansons carnavalesques. Dans celle des joueurs de paume il est dit :

> Antico è l'giuoco e tien l'ordine degno
> Della milizia e ciò si può vedere
> Ciascuno ha in sè divisa e contrassegno,
> Trombe, tamburi zufoli e bandiere.
> In asciuna fa mestiere,
> Sudando affaticarsi e fare ogn'opra
> Sol per restare al nemico di sopra [1].

Ensuite vient la chanson des joueurs à la boule de mail. Un autre jeu, analogue à celui qui s'appelle actuellement le *croquet*, ou mieux encore au jeu populaire écossais le *golf*, était alors très répandu, et non seulement à Florence, mais dans toute l'Italie.

Il existe un album, de Stefano du Pérac, intitulé *I vestigi dell'antichità di Roma*, imprimé en 1575, où l'on voit qu'à cette époque on jouait partout au mail au milieu des ruines des monuments romains.

La planche XXIX de cet album est très importante pour l'étude des jeux italiens. C'est une

1.   Antique et noble jeu, l'honneur de la milice
     Que l'on voit, en deux camps, descendre dans la lice,
     Chacun a sa tenue et chacun porte haut.
     Au son des instruments, la couleur du drapeau.
     Au signal, les voilà, luttant et tout en nage
     Pour, sur les ennemis, remporter l'avantage.

gravure représentant les thermes de Dioclétien avant que Michel-Ange n'y eût construit le couvent des Chartreux. Il y a huit personnages qui jouent devant des ruines, sur l'emplacement où s'élève aujourd'hui l'église Sainte-Marie des Anges. Entre ces huit, se trouvent deux couples qui ont déposé leurs manteaux et l'on ne peut dire aisément s'ils jouent ou ne font que regarder. Un personnage placé à gauche semble jeter un anneau lourd vers un autre posté à droite, à une distance approximative de 10 mètres. Devant ce personnage se trouve un piquet planté en terre. C'est probablement le jeu que les Anglais appellent actuellement *quoits*. Celui qui approche le plus près du but ou enfile le piquet dans l'anneau gagne. Il serait utile que quelque diligent chercheur étudiât les jeux populaires du xvi° siècle et expliquât cette planche.

CHAPITRE II

L'ÉDUCATION MODERNE ANGLAISE

I

Étant à Londres, je faisais souvent le samedi soir une promenade en chemin de fer autour de la ville pour voir partout comment l'on jouait. C'est une foule énorme qui, fuyant la ville, va dehors pour prendre un peu d'air et donner un peu de délassement aux muscles engourdis par la vie sédentaire de la semaine.

Un des jeux nationaux anglais est le *football*, variété de celui qu'on appelait en Italie le jeu à l'escafe, qui, comme je l'ai déjà dit, était en usage chez nous dès l'époque de la Renaissance. A propos de l'escafe florentin il existe une série de mémoires avec dessins représentant la manière dont les joueurs étaient disposés au moment d'entamer la bataille et pendant son cours [1].

« Le « ballon à l'escafe » est un jeu public, des jeunes gens à pied et sans armes placés sur deux rangs, luttent par agrément et aux fins d'honneur, pour faire passer un ballon de moyenne grosseur, gonflé à l'air, du bout d'un emplacement à l'autre. Ce jeu étant extrémement fatigant, on n'y pourrait tenir aisément, à la longue, en dehors de la saison des froids. Il convient de débuter quand le soleil baisse ses rayons vers le couchant et de se reposer quand il disparaît et que Vénus brille, attendu qu'à une autre heure on peut à peine supporter tant de transpiration, tant d'impétuosité, tant de poussées. »

Quiconque a vu jouer le *football* en Angleterre le reconnaît à cette courte citation. Là le nombre des joueurs est de 24 à 30 se divisant en deux camps égaux, chacun sous le com-

1. *Memorie del Calcio Fiorentino tratte da diverse scritture e dedicate all'Altezze Serenissime di Ferdinando Principe di Toscana e di Violante Beatrice di Baviera.* Stampate in Firenze, nella Stamperia di S. A. S. alla Condotta, l'anno 1688.

mandement d'un capitaine. Pour ce jeu, on se sert d'un ballon, c'est généralement une vessie de caoutchouc recouverte de cuir. Mais on pourrait aussi se servir d'une vessie ordinaire recouverte d'étoffe. On trace un rectangle de 100 mètres de long sur environ 60 mètres de large, dans un pré ou dans une cour. A chaque extrémité et au milieu, l'on place deux marques distantes de 3 à 4 mètres. Il s'agit de jeter le ballon entre ces deux marques, ou au-dessus d'une corde réunissant deux piquets plantés sur les marques. Et chacun des partis fait en sorte que le ballon aille dans le camp adverse.

Mais le ballon, dans le *football* « association », ne se prend jamais avec les mains, sauf pour le porter et le mettre en place. Pour le reste, on joue avec les pieds. Les joueurs sont répartis sur le terrain, de façon à empêcher le ballon, lancé du centre, de passer entre les piquets et de pénétrer chez eux.

La lutte qui en résulte est un des exercices musculaires les plus violents. Même dans les rues, les enfants le jouent en grand ou en petit nombre. Ils prennent deux cailloux, les placent à quelques pas l'un de l'autre et luttent à qui réussira à lancer le ballon avec les pieds, entre les deux cailloux.

Il me semble que l'on devrait faire revivre en Italie le jeu « à l'escafe ». C'est assurément un des meilleurs exercices pour l'hiver. En Allemagne, depuis 1874, le jeu de *football* a été introduit dans les gymnases. Le plus ardent promoteur de cet exercice fut le Dr Koch [1], qui s'est acquis une grande réputation par ses ouvrages relatifs à l'éducation physique. En Italie, la gymnastique ne se pratique ordinairement pas en hiver. Ce n'est que par le beau temps qu'on en fait une heure par semaine. C'est une faute grave, car les exercices gymnastiques sont plus sains, je crois, dans cette saison.

Mais il faut prendre les mêmes précautions que les Anglais. Quand il s'agit de jouer au *football,* chacun part de chez soi avec une petite valise où l'on met un vêtement de laine pour le jeu, une chemise et une camisole de tricot, un pantalon, une éponge, un essuie-mains et les souliers de jeu à semelles de caoutchouc et sans talons, dont les Anglais se servent toujours

1. Koch (Dr K.), *Fussball*. Brunswick, 1875.

quand ils vont jouer. Dans les journées froides
d'hiver, on éprouve une certaine impression à
voir ces jeunes gens, bras nus, 15 contre 15,
le sang au visage, faire des courses précipitées
pour rejoindre le ballon et l'arrêter.

Il y a des luttes corps à corps où tous se
massent et se repoussent, se disputent le ballon,
faisant effort des bras et de tous les muscles du
torse. Puis, tout d'une traite, le ballon s'échappe
par quelque côté, toute la bande se disperse en une
course précipitée, et chacun reprend son poste.

Le jeu à peine fini, les joueurs se retirent
dans un pavillon situé au fond du gymnase. Un
garçon tient préparés des seaux d'eau tiède, tous
se lavent dans une chambre chauffée et passent
ensuite dans une autre salle où ils boivent une
tasse de thé, mangent quelques biscuits, ou bien
absorbent un verre de bière.

II

La passion des Anglais pour le *lawn-tennis*
peut être appréciée en Italie et dans le sud de
la France où beaucoup d'entre eux arrivent

en hiver, apportant, pour se distraire, leurs raquettes et leurs balles. C'est un jeu qui tend à devenir international et qui, en Italie, se répand de plus en plus. Nous avons par exemple, à Turin, déjà deux sociétés pour le jeu du *lawn-tennis*, et à la campagne et à la ville on voit préparer des terrains pour ce jeu. Il se peut que le *lawn-tennis* soit un jeu moderne dans sa forme actuelle, car la codification de ses lois en Angleterre ne remonte pas plus haut que 1877. Cependant nous devons chercher ses origines dans cette Italie qui est la terre classique du jeu de balle.

En France, le *lawn-tennis*, dans sa forme originaire du *jeu de paume*, devint si populaire qu'en 1675 il y avait, rien qu'à Paris, 144 locaux destinés à ce jeu.

Parmi les conjectures variées qui entourent l'étymologie du mot *tennis*, deux semblent les plus plausibles [1]. Comme les Anglais disent *play* quand celui qui ouvre le jeu jette la balle à l'adversaire, on disait en français *tenez*, et en italien *tieni*, d'où le nom de *tennis*. D'autres font dériver *tennis* d'un mot grec qui voudrait

1. ROBERT DE FICHARD, *Origine, Histoire et Règles du jeu de lawn-tennis*. Baden-Baden, 1893.

2.

dire corde ou tendre, d'où les mots similaires, tendon, tente, tension, tenture, etc. Le nom de *tennis* serait, en d'autres termes, une traduction anglaise du vieux mot italien *jeu de la corde (giuoco della corda)*.

Scaino décrit ce jeu. Je crois que le lecteur me pardonnera si je lui emprunte encore quelques passages.

« On attache à la corde un petit filet large d'une palme, afin que l'on puisse mieux juger les bonnes et les mauvaises passes. Il faut d'abord que l'enceinte soit quadrangulaire, éclairée de façon à ne point fatiguer la vue du joueur par excès de lumière, ni à la voiler par trop d'obscurité. Aussi les Français (et cela très sagement) ont-ils l'habitude, dans leur célèbre jeu de raquette, de se servir d'une balle blanche. Ils badigeonnent de noir les parois de l'enceinte, ce qui est plus favorable à la vue.

« On la construit de manière à ce que la façade soit tournée vers le nord. Par suite, on pourra, peu après midi, se livrer à l'exercice, sans que la lumière solaire gêne les joueurs. La plate-forme doit être nette, plane, libre de tout obstacle qui pourrait occasionner à la balle des sauts désordonnés et inattendus, afin que ce jeu si rare et si noble soit, le plus possible, soumis aux règles de l'art et affranchi d'accidents fortuits et de contretemps irrémédiables.

« Il faut tirer la corde en travers, d'un côté à l'autre de l'emplacement, et elle doit être élevée de 3 pieds et demi au-dessus du sol; eu égard à la taille moyenne de l'homme elle arrivera ainsi à hauteur de poitrine (en la mesurant à partir des pieds). Tirée de cette façon, elle donne lieu à un art merveilleux, car il s'agit de chasser la balle avec une grande vigueur au ras de la corde, d'atteindre l'adversaire en pleine poitrine et de faire d'autres coups remarquables et distingués qui n'auraient ni lieu ni grâce si la corde était tirée plus haut, à la façon usitée anciennement véritablement avec peu de réflexion [1]. »

Comme, dans tous les coups, il faut que les joueurs rusent pour dépasser la corde, la réussite est difficile, digne et originale, ce qui ne se produit pas dans les jeux à distance; il en résulte que ce jeu est plus parfait et plus apprécié.

Il n'est pas nécessaire d'avoir une grande

---

1. SCAINO, *Trattato del giuoco della palla* : Del luogo in generale per fare il giuoco della corda. Cap.xv,p.159.Venezia.MDLV.

force pour chasser la balle bien loin, mais il faut beaucoup d'ingéniosité et une mesure exacte pour l'envoyer à un endroit où l'adversaire ne puisse l'aller ressaisir sans perte de temps, pour la faire mourir de façon à ce qu'elle ne sursaute plus, pour essouffler son concurrent avec une telle rapidité qu'il ne puisse se garer contre les chocs soudains et véhéments... Ce jeu est supérieurement amusant bien plus que tous les autres, à raison des longues escarmouches et de la diversité des manières dont il permet de battre la balle, plus variée qu'en tout autre jeu. Car on peut la battre de la main droite ou gauche, la paume dessus ou dessous, à bras ouvert devant soi, par derrière, au repos, après le bond, à contretemps, soit que l'on présente la face à l'adversaire ou qu'on lui tourne le dos. Tantôt c'est avec vivacité et impétuosité, tantôt avec mesure et lenteur, puis, en lançant la balle en hauteur, ou en la faisant filer presque au ras de la corde, et enfin, en s'escrimant de toutes les façons dont on peut voir se démener un homme agile, adroit et robuste. Ainsi l'on procure aux spectateurs et aux joueurs un plaisir merveilleux.

III

Le *cricket* aussi est un jeu à la balle. On
emploie une espèce de pelle ou de battoir en bois
longue d'un mètre et large comme la paume de
la main. On rabat le battoir avec une force telle
que pour le tenir solidement avec les mains,
sans se faire mal, il faut avoir de gros gants.
On place de part et d'autre trois bâtons fichés
en terre devant celui qui bat. Il y a de chaque
côté onze joueurs cherchant à chasser la balle
contre les trois bâtons. Actuellement on commence à jouer le *cricket* en France et en Allemagne. Mais il ne me semble pas qu'il ait été
joué jusqu'ici en Italie, si ce n'est par des
Anglais.

Les parties traînent trop en longueur. Pendant que j'étais à Cambridge, j'en ai vu une
durer plus de deux jours. Je crois que, pour ce
motif, ce ne serait pas un jeu à enthousiasmer
beaucoup les peuples méridionaux. Il est
ensuite si fatigant qu'il ne peut guère être joué
que par ceux qui s'y sont mis du temps qu'ils

étaient étudiants et encore est-il difficile de continuer à le jouer après la quarantième année. Il y a des amateurs qui ne font pas autre chose dans leur existence que de jouer au *cricket*. Toute ville importante de l'Angleterre a, dans l'année, une semaine affectée à ce jeu auquel viennent concourir les *clubs* des autres villes ou bien les divers *clubs* de la même ville qui s'envoient réciproquement des défis d'une solennité exceptionnelle. Le champ le plus célèbre de défis au *cricket* est toujours celui de Canterbury où se rencontrent souvent les joueurs de l'Amérique ou de l'Australie.

Me trouvant à Londres, je voulus y aller. Dans les journaux étaient annoncés les illuminations, les banquets, les bals, les représentations et cent autres divertissements par lesquels on fêtait le jubilé du *cricket*. Je trouvai la ville pavoisée. Partout, sur les murs anciens et sous les portes moyen âge, sur les façades brillantes de propreté des plus modestes maisonnettes, à travers les rues, sur les places, jusque dans les ruelles les plus éloignés, pendaient des guirlandes de lierre, des couronnes de pin et de chêne entrelacées de fleurs. Et, chose tout à fait nouvelle pour moi, je remarquai une profusion extraordinaire de petits drapeaux de toutes couleurs placés sur les fenêtres, sur les enseignes, sur les portes et jusque sur les gouttières des maisons. Dans la rue principale flottaient deux immenses bannières sur lesquelles se lisaient de loin les noms des villes qui avaient vaincu, l'année des concours, et les noms des vainqueurs. Ensuite, d'autres inscriptions en gigantesques caractères disaient : « Longue prospérité au *cricket* » — *Long may cricket flourish.*

Après avoir traversé la ville sous les arcs de triomphe construits avec des arbres transplantés tout d'une pièce et artistement repliés, après avoir vu flotter sur les banderoles les armes de toutes les villes d'Angleterre, j'arrivai sur le fameux *playing ground*, vaste pré entouré de marronniers d'Inde et d'ormes. Tout autour, assises sur une triple rangée de bancs se trouvaient environ dix mille personnes, et il y en avait encore autant qui fourmillaient sur le pré, en attendant que la cloche sonnât l'engagement du jeu. Il avait plu un instant avant et l'on attendait, pour commencer, que le terrain fût un peu desséché.

Le soleil éclairait de ses rayons rutilants du matin cette scène champêtre et la lumière dorée se reflétait sur une de ces merveilleuses verdures que l'on ne voit que dans le Nord et qui font la beauté des tableaux hollandais.

Les tuniques rouge écarlate des soldats, la musique militaire, les pittoresques uniformes des régiments écossais, les vestons blancs, les tricots que portaient comme marque distinctive les membres des *clubs*, les dames en robes claires et voyantes, tranchaient comme des touches de pinceau éclatantes sur la note grise uniforme de la foule. Au loin, s'enlevait sur l'horizon la tour de la cathédrale de Canterbury, haute et sévère dans la majestueuse régularité de ses lignes verticales. Sur un côté, une longue rangée de tentes aux formes blanches, coniques ou plates, sous lesquelles se tenaient les membres des *clubs*, formait la bordure du tableau. Tout autour, les *bookmakers* avaient planté leurs bancs, et l'on voyait aussi un bureau de télégraphe et de vastes tentes où l'on consommait de la bière et des comestibles.

D'un autre côté, l'on voyait une longue file d'équipages de luxe, et plus en arrière une ligne sombre qui formait un autre énorme carré dans lequel les *policemen* s'efforçaient de contenir la multitude extraordinaire de ceux qui n'avaient pu payer pour jouir commodément du spectacle. De temps en temps la foule clamait, tous les spectateurs réunis applaudissaient et criaient pour demander le commencement du jeu.

Finalement, la cloche sonna. Et toute la cohue massée au centre décampa en quelques minutes et alla se déployer au delà de la barrière établie d'avance sur l'herbe. Au milieu apparut une étendue de terrain verte comme le drap d'un gigantesque billard. On fit passer une dernière fois la tondeuse, puis un lourd rouleau, afin de la bien aplanir. Enfin les joueurs de *cricket* sortirent de leurs tentes au milieu des applaudissements enthousiastes du peuple.

Je n'avais jamais vu manier la balle avec tant de dextérité. Les fêtes populaires et les applaudissements de quelques concours de ballon auxquels j'avais assisté dans le Piémont, à Florence et à Rome, me revinrent en mémoire. Et je cherchais parmi mes réminiscences les vers où Leopardi s'inspirant du sentiment de la patrie chanta la victoire d'un vainqueur au ballon.

CHAPITRE III

L'ÉDUCATION PHYSIQUE DANS LES UNIVERSITÉS

I

Je demandai à plusieurs de mes amis, en
Angleterre, s'il n'y avait pas des étudiants qui
ne fissent partie d'aucun *club* d'exercices physiques. Tous répondirent qu'ils n'en connais-
saient pas dans les universités d'Oxford et de
Cambridge qui ne jouassent au *cricket*, au
football, etc.; que même, en majeure partie, les
étudiants sont inscrits à plus d'un *club*. Il
existe de ces sociétés pour tous les genres
de *sport*, pour la balle, le *lawn-tennis*, la lutte,
le saut à la perche, l'escrime, le *golf* (qui est

actuellement un des jeux le plus à la mode), pour la course, bref pour tout ce que les Anglais appellent *manly exercices*, exercices virils.

Quand l'étudiant arrive à l'université, il s'inscrit à une association ou *college* (comme ils s'expriment par un mot dérivé du latin). Et en payant une somme modique, il peut faire partie de tous les *clubs* qui lui sont affiliés. Il nous est difficile, à nous autres du continent, de nous faire une idée exacte de l'importance des jeux dans la vie universitaire de ce pays. Je crois que, pour la majorité des étudiants, dès leur arrivée à Cambridge et à Oxford, cette importance domine celle des études. Si l'on veut connaître la vie intime de l'étudiant anglais, on n'a qu'à lire le livre *Tom Brown at Oxford* : Tom Brown est le vrai type de l'étudiant universitaire, tel qu'il était, il y a quelques années, en Angleterre et comme je crois qu'il est à peu près, actuellement encore.

Les règlements des universités ne parlent pas des exercices physiques, mais l'usage a fini par les rendre presque obligatoires.

Comme un *college* peut lancer un défi à un autre *college* quand bon lui semble, et qu'il y a tous les ans, dans chaque catégorie de *sport*, des défis entre les universités de Cambridge et d'Oxford, il en résulte que tous doivent se tenir prêts et entraînés. Chaque université publie un journal. Dans l'*Oxford Magazine*, il y a une rubrique intitulée *The River* où l'on raconte les événements les plus importants du canotage. Ensuite viennent les rubriques du *cricket*, du *lawn-tennis*, etc. Les collèges, les lycées et les écoles supérieures, comme on dirait chez nous, jusqu'aux petites écoles privées, en font autant, tellement l'amour du *sport* est grand en tous lieux. Et ces publications ne subsistent pas seulement parce que les jeunes gens sont heureux d'y voir leur nom au premier rang, mais parce que les parents aiment beaucoup aussi à voir leurs enfants développer leur vigueur et leur agilité. Dans ces *magazines* on enregistre la marche, le progrès des études et toute l'histoire du collège, les défis de natation, les points des parties de *cricket*, etc., et l'on y suit également la biographie des élèves avec références à ceux qui, ayant quitté le collège, se distinguent de quelque manière que ce soit. Le *magazine* est comme un lien qui conserve l'union entre les vieux amis et par lequel les jeunes se rattachent aux anciens.

La course à pied est un des exercices les plus en vogue en Angleterre. Le peuple se passionne pour les courses de vitesse et de résistance, et pour celles qui sont coupées d'obstacles, et de haies cachant des fossés. Je ne savais pas que la course fût un art si difficile.

Dans chaque *club*, un étudiant a mission d'instruire ses compagnons, et quelquefois les étudiants payent un coureur de profession, pour se faire entraîner. L'université a une grande piste ou espace de terrain où tous peuvent s'exercer à courir et à sauter. Les courses sont de longueurs variables, et cela se comprend, car la course de vitesse, qui est le plus violent de tous les exercices, ne peut se soutenir plus d'une minute, et le plus souvent le parcours est limité à 100 mètres.

La course de résistance est la plus usitée et, dans celle-là, la distance peut aller jusqu'à un mille, c'est-à-dire à 1600 mètres. Le procédé d'entraînement pour les diverses courses est variable; et même divers sujets s'y comportent différemment. Ainsi, il y en a qui réussissent mieux dans les courses de vitesse et d'autres qui l'emportent dans celles de résistance.

Il y a, pour chaque distance, des moyens différents de s'entraîner pour arriver au but dans le plus court espace de temps. Les étudiants s'assujettissent, pour s'entraîner, à des privations et à un régime qui réclament une grande abnégation : c'est un sujet que les physiologistes devront se mettre à étudier quand la gymnastique sortira de l'empirisme et des conventions et peut-être des préjugés qui aujourd'hui font office de règles. Quoi qu'il en soit, les résultats qu'on obtient en Angleterre sont extraordinaires : certains étudiants ont franchi un mille anglais (1600 mètres) en quatre minutes vingt-quatre secondes. Un fait important est que la vitesse d'une part, et la résistance de l'autre, augmentent de plus en plus. Il semblerait qu'à mesure que croît le nombre de ceux qui courent, on découvre des jeunes gens plus favorisés par la nature, pour la course. Parmi les amateurs de course, les plus forts étaient, jusqu'à présent, sortis des universités d'Oxford et de Cambridge. Maintenant, on commence à en trouver aussi, en dehors des universités, qui leur tiennent tête dans les concours. Les voir seulement à leur départ est déjà un spectacle qui amuse et exalte. Généralement ils sont quatre à la file, et se tiennent légèrement courbés, avec une expression de physionomie qui dénote toute la tension du système nerveux. Ils placent le pied gauche en avant et portent sur lui le poids du corps, prêts à prendre leur élan du pied droit dès qu'ils entendent la détonation d'une arme à feu qui donne le signal du départ. La course s'exécute dans le style athlétique, le corps en avant, le thorax d'aplomb et droit. Les bras ont un mouvement noble sans trop d'enlèvement. Autour de la piste se trouve une barrière en bois ou une corde tendue derrière laquelle se presse la foule qui applaudit. Le spectacle est rendu pittoresque par les costumes de ceux qui courent et qui sont vêtus de tricots à manches courtes et de pantalons allant jusqu'aux genoux. Les dames portent à leurs chapeaux les couleurs du *college* auquel appartiennent les jeunes gens qui leur sont le plus sympathiques, ainsi que leurs amis ou leurs parents. Elles s'envoient réciproquement des défis et tout autour c'est un mouvement et une animation comme on en voit chez nous aux courses de chevaux, avec cette différence qu'ici les vainqueurs sont de sympathiques jeunes gens, aux bras nus, le cou dégagé et bronzé par le soleil, le dos et les membres musculeux, aux formes classiques d'athlètes.

Au bout du pré, comme sur un immense tapis vert, se détachent des tentes aux formes les plus variées, sous lesquelles on voit des tables dressées, des jeunes filles qui préparent le thé; de grands brocs pleins de bière circulent à la ronde. De toutes parts éclatent des voix joyeuses; c'est une gaîté, un enthousiasme que seul un artiste réussirait à décrire.

Les Anglais ont seuls conservé les traditions des anciens Romains. C'est le peuple qui, actuellement, en Europe, éprouve la plus grande passion pour les exercices athlétiques. De l'Inde à l'Australie on attend les nouvelles des luttes entre étudiants et souvent, avant que le soleil ne se couche, le télégraphe apporte, des plus lointaines contrées du globe, le salut d'un parent ou d'un ami envoyant de loin ses félicitations au vainqueur.

II

Le genre de *sport* le plus élégant est néanmoins toujours le canotage. Tout le monde connaît les joutes fameuses entre les universités d'Oxford et de Cambridge, dont nous lisons tous les ans les descriptions dans les journaux. Mais peut-être tout le monde ne sait-il pas combien peu sont favorables les conditions dans lesquelles les étudiants se préparent à ces célèbres régates. Pour nous autres Italiens qui avons tant de plages baignées par la mer et un si grand développement de cours d'eau et de lacs, il sera peut être instructif de donner un rapide coup d'œil sur le champ des régates des universités de Cambridge et d'Oxford.

Le *Cam* est un chétif cours d'eau et il marche si lentement à Cambridge que les étudiants disent ironiquement qu'il lui arrive parfois de couler à rebours. Le lit de la rivière est souvent couvert de hautes herbes et tellement resserré, qu'à certains endroits une embarcation peut à peine passer; et si une barque se met en travers, personne ne passe plus.

A Cambridge et à Oxford, comme les canots ne peuvent voguer de front, les régates consistent en une poursuite pour s'accoter (*bumping races*). Le signal du départ donné, chaque canot s'efforce de toucher celui qui le précède, et le canot touché laisse le passage libre aux vainqueurs qui le suivent. Quelquefois les meilleurs canots parviennent à en toucher deux, l'un après l'autre.

Il arrive aussi que les régates se courent au temps (*time races*). Alors les canots partent chacun de points déterminés pour arriver à un autre point désigné. Celui-là gagnera, qui aura parcouru son trajet dans le temps le plus court. Comme on le voit, il faut le tempérament de la race saxonne pour s'enthousiasmer à cette espèce de joute où l'on touche au but sans l'éblouissement de la victoire, sans que les spectateurs par leurs applaudissements ajoutent aux derniers efforts des rameurs, sans que les rivaux voient le moment suprême qui décide de la lutte.

A Oxford, le lit de la rivière est meilleur comme champ de régates. Les *rowing clubs* ont leur siège le long des bords de l'Isis, dans de modestes édifices dont quelques-uns ressemblent à la poupe des vieux navires du siècle dernier. Dans un bâtiment commun sont remisés tous les canots des *colleges*, et tout procède avec la plus grande simplicité. Les étudiants s'instruisent entre eux, et ceux qui enseignent aux autres s'appellent des capitaines.

Pendant que j'étais en Angleterre, quelques amis voulurent me mettre au courant de toutes les règles qu'ils suivent dans l'entraînement et j'eus l'occasion d'admirer la maestria nécessaire pour bien ramer. Je crois que peu de genres de *sports* sont aussi difficiles et exigent un dressage aussi sûr et la mise en œuvre au même degré de tous les muscles et de tout le système nerveux.

Quant ils rament à huit, comme ils le font d'habitude, chacun doit avoir les yeux fixés sur le dos de celui qui est devant, pour prendre exactement la cadence. Et l'on distingue la cadence de l'aviron de celle du torse; c'est pourquoi il faut, du même coup d'œil, les saisir toutes deux, de façon que l'action des bras et du torse soit égale et simultanée chez tous. Le chef de nage, qui est le plus habile des rameurs, se met naturellement à l'arrière et tous les autres le suivent exactement. Les coups d'avirons se succèdent au rythme de 32 et 34 par minute.

Il est surprenant de voir comme ces barques de 8 rameurs voltigent, comme les avirons s'enlèvent de l'eau et se plient en éventail, se baissent ensuite verticalement et s'enfoncent, et tous avec une telle perfection de simultanéité que les 8 avirons produisent un bruit unique, comme une seule pierre tombant dans l'eau.

J'ai connu au laboratoire de physiologie du professeur Foster un rameur renommé, l'un des champions de l'université de Cambridge. Je n'avais jamais vu un jeune homme aussi beau pour les proportions du thorax et le développement harmonieux du corps. Il me raconta avec simplicité la fête de la dernière régate où l'université de Cambridge vainquit celle d'Oxford. Il est difficile, me disait-il, de raconter les démonstrations dont nous fûmes entourés, mes compagnons et moi, car l'exaltation et le tintamarre étaient tels qu'on en demeurait abasourdi et confus.

Assurément les succès qu'un étudiant pourrait remporter dans le domaine de l'intelligence, ne sauraient approcher de la grandeur de ces triomphes de la force humaine, pour lesquels on ne trouve de termes de comparaison que dans les fêtes classiques de la Grèce.

III

En visitant les écoles les plus anciennes et les plus célèbres de l'Angleterre, je m'aperçus que presque toutes les grandes pelouses destinées au jeu sont des annexes toutes récentes. Et cela n'est pas dû seulement au fait que les *colleges* ont un plus grand nombre d'élèves qu'auparavant, mais c'est parce que réellement l'espace dont ils ont besoin pour les jeux actuels est plus grand, alors que, jadis, ces jeux n'étaient pas encore en usage.

A Harrow, on tirait à l'arc, au siècle dernier et l'on y voit encore la flèche d'argent que l'on donnait en prix.

Le canotage, de métier de pauvres bateliers qu'il était, ne devint que vers le commencement de ce siècle un exercice de jeunes gens et un moyen d'éducation.

Les célèbres régates entre les universités d'Oxford et de Cambridge commencèrent en 1856. Cette constatation est importante pour nous autres Italiens, car elle autorise l'espérance que, dans un temps peu éloigné, nous pourrons voir de même se modifier complètement notre éducation physique. Mais il faut qu'à l'exemple des Anglais et tout en conservant le respect des traditions et des réminiscences du passé, nous sachions tirer meilleur parti de notre temps et vivre de la vie moderne. Les étudiants anglais qui passent une bonne partie de la journée à l'air libre, jouant, se fatiguant, sont plus dociles que les nôtres. Personne ne se souvient d'avoir entendu parler de révolte ou de désordres dans les universités anglaises. L'exercice physique est un utile exutoire à la vitalité exubérante de la jeunesse, la fatigue un remède efficace à beaucoup de maux, et les jeux athlétiques sont une grande école de discipline. Une course à huit rames, une partie de *football* ou de *cricket* ne se peuvent gagner sans discipline absolue. Même dans le choix des champions des universités, dans la hiérarchie des capitaines, l'esprit de discipline et de coopération sous le rapport duquel le peuple saxon distance grandement tous les autres, se manifeste en tout.

En Angleterre, les professeurs des universités ne dédaignent pas de jouer avec leurs élèves. Mais ce sont les professeurs des écoles inférieures qui contribuent le plus à maintenir vivace l'exercice des jeux. Je citerai quelques chiffres pour montrer la différence entre les instituteurs anglais les nôtres.

Là-bas, celui qui désire un poste de professeur fait insérer des annonces dans les publications spéciales. Dans un pays où l'État ne se mêle pas des questions d'enseignement et où il n'y a pas de ministre qui pourvoie au bon fonctionnement des universités ni des écoles, où tout est laissé entre les mains des particuliers, on comprend la nécessité d'instituer des agences pour le recrutement des professeurs.

La dernière circulaire publiée en juillet[1] commence par les professeurs de mathémathiques sortis de l'université de Cambridge, qui désirent trouver des emplois. Ensuite viennent les professeurs de physique et d'histoire naturelle.

----

1. *University and School Agency*. London, 53, Regent Street.

La liste comprend 28 noms. On énumère pour chacun d'eux les examens qu'il a subis, son âge, l'expérience qu'il a déjà de l'enseignement, ce qu'il exige comme traitement, etc., et l'on ajoute le mot *Athletic*, s'il sait enseigner les jeux. Sur 28 professeurs, 12 ont donné cette indication. Les autres n'ont pas cette mention. On comprend qu'à un certain âge (et plusieurs ont de 47 à 50 ans) on n'ait plus envie de courir ni de sauter.

Après cela vient le *classical tripos* des diplômés de l'université de Cambridge. Il y en a 25 dont 15 se déclarent disposés à enseigner les jeux. Un d'eux s'annonce sous le titre de *full blue*, ce qui veut dire qu'étant étudiant il fut élu comme champion pour représenter l'université de Cambridge dans les luttes contre Oxford. C'est le plus grand honneur auquel aspire un étudiant. Tous les ans, les capitaines des différents *clubs* et quelques personnes notables dans les divers genres de *sport* se réunissent afin d'élire les champions de l'université, pour le canotage, le *cricket*, le *football*, la course, etc. L'élu acquiert le droit de porter à son chapeau la couleur de son université. C'est ce que veut dire *full blue*. C'est un brevet de force physique et d'adresse auquel on n'entend pas renoncer quand on sort de l'université, et on le tient en honneur dans tout le cours de sa carrière académique.

Dans ces bulletins, la catégorie des professeurs de gymnastique n'existe pas. L'Angleterre, autrement riche que nous, qui pourrait se payer le luxe de professeurs de gymnastique, préfère s'en passer et est singulièrement plus forte sans eux.

IV

Je suis convaincu que l'art du canotage deviendra commun, sous peu d'années, dans plusieurs de nos universités italiennes. Aussi vais-je examiner quels seront les résultats de cette innovation. C'est une erreur de croire que nos étudiants s'en abstiendront, uniquement parce qu'ils ne sont pas assez riches. Le canotage ne coûte pas plus que le jeu du billard.

A Cambridge, la participation à un *club* de canotage coûte 30 à 40 francs par semestre; le *football*, 5 ou 6 francs ; et pour la course on paie encore moir... Sans doute, l'installation d'un *club* est onéreuse quand on veut faire les choses avec un certain luxe. Mais il est facile, plusieurs étudiants se cotisant, de trouver la somme nécessaire pour acheter un canot. Les embarcations, même quand elles sont chères, durent suffisamment et peuvent se transmettre des uns aux autres. D'ailleurs les débutants doivent toujours faire leur apprentissage sur de vieux canots, de même que celui qui apprend à monter à cheval commence par le trot militaire avant d'apprendre le trot à l'anglaise.

Un indice favorable du réveil de l'éducation physique dans la jeunesse italienne, c'est que les étudiants ont tout fait de leur propre initiative et qu'ils n'ont pas attendu que l'impulsion leur fût donnée par la France ou par l'Allemagne.

Sans vouloir exagérer leur mérite, nous devons reconnaître que les étudiants de l'université de Turin ont été les premiers à imiter, sur le continent, les joutes universitaires anglaises. Les professeurs encouragèrent cette initiative, en leur offrant une belle coupe d'argent comme prix des régates.

Cet événement pouvait être presque prévu par ceux qui savent que le Piémont a précédé les autres provinces d'Italie dans l'éducation physique et militaire. Le gymnase de Turin, le premier qui ait été construit en Italie, est un des plus beaux de l'Europe. Le Club alpin italien, fondé par Sella, s'est développé rapidement, à tel point qu'il peut se dire aujourd'hui le rival de n'importe quel *club* étranger, par le nombre de ses adhérents, par l'importance de ses publications et par les ressources dont il dispose. Le *Rowing club* italien fut organisé par la Société des canotiers du Pô. Aujourd'hui nous avons à Turin six sociétés de canotiers possédant un matériel d'une valeur de quatre-vingt mille francs environ. Après Turin, viennent Plaisance, Venise, Rome, Pavie et Gênes, parmi les villes où le canotage a pris le plus grand développement.

Je me rappellerai toujours la vive émotion que j'éprouvai lorsque, dans les récentes joutes entre les étudiants des universités de Pavie et de Turin, je vis les berges du Pô noires de monde aussi loin que pouvait s'étendre le regard; puis, ce furent des explosions de cris lorsqu'apparurent les embarcations à aviron des étudiants, qui défilèrent au bruit des applaudissements. C'était un enthousiasme indescriptible.

Tout fait espérer que l'éducation anglaise, en se rapatriant en Italie, d'où elle paraît avoir émigré, produira les mêmes fruits qui, là-bas, sont excellents. Si cette espérance se réalise, nous nous rappellerons que ce fut au bout de trente-six ans que le mouvement des universités d'Oxford et de Cambridge revint de la Tamise au Pô.

V

Je m'imagine que quelque lecteur avant même d'arriver à ce passage se sera dit : C'est trop fort ! On se plaint que les étudiants ne font presque rien dans les universités, et maintenant on vient nous dire qu'ils ne s'amusent pas assez.

En attendant, il n'est pas dit que tous ceux qui s'amusent n'étudient pas. A Turin, il y a, parmi les canotiers, des professeurs distingués et parmi les étudiants qui ont vaincu dans les dernières régates, j'en connais qui ont passé de bons examens.

Exercé modérément, le sport est même très utile pour qui étudie. D'un autre côté, si nous voulons envisager aussi la question sous le rapport de ceux qui n'usent pas du *sport* avec modération, cette question devient plus complexe, et je dois faire un pas en arrière pour pouvoir mieux répondre.

Je crois que c'est un malheur pour l'Italie d'avoir trop de jeunes gens étudiant pour conquérir leur doctorat. La statistique le montre clairement. L'Italie est de toutes les nations de l'Europe celle où le personnel enseignant fait le plus défaut, alors que nous sommes le peuple qui compte le plus d'avocats, de médecins et de prêtres. C'est là une maladie dont nous avons à nous guérir. La population débordante de nos universités ne correspond pas à un besoin de notre pays. Que le grand nombre des diplômes obtenus ne démontre pas une grande activité intellectuelle, cela ressort du fait parfaitement établi par la statistique que, dans les provinces meridionnales d'Italie où les diplômes sont en majorité, le nombre de ceux qui vivent des revenus de leurs capitaux sans exercer quelque profession, est également en majorité.

La statistique dit encore que le nombre des jeunes gens fréquentant les universités et les instituts d'instruction supérieure a augmenté depuis 1871 beaucoup plus rapidement que la population. C'est un indice que le mal tend à croître et non à diminuer. Cela dépend peut-être aussi du fait que l'industrie offre en Italie moins de ressources que dans les autres pays d'Europe.

Si donc, en changeant la méthode d'éducation physique, on s'expose à voir diminuer le nombre d'étudiants arrivant à franchir l'examen de la licence, si d'autres, après avoir fréquenté l'Université pendant quelques années, viennent à l'abandonner, ce ne sera pas un grand mal, car il restera toujours assez d'étudiants.

En attendant, ce sera un bien assuré pour le pays si, par une éducation physique plus soignée, les jeunes gens deviennent plus robustes, plus entreprenants. Le progrès sera d'autant plus complet que les jeunes gens auront acquis cette pleine conscience de leur propre force sans laquelle on ne fait même pas fortune dans le commerce ni dans l'industrie. En Italie nous n'en avons que trop de ces hommes « vivant de la plume » comme dit le peuple. Il sera à coup sûr regrettable que l'on facilite les examens de sortie des lycées, si cela doit faire augmenter le nombre des déclassés.

L'orientation actuelle des écoles, la multiplicité des matières enseignées, la minutie des programmes et par-dessus tout le manque d'initiative, l'indolence des parents déforment les corps, dépriment l'intellect sur les bancs de l'école. Et aujourd'hui, la vie de beaucoup d'étudiants dans nos universités est si relâchée qu'elle n'a que peu ou point à redouter des expériences qui s'y peuvent faire et nous voudrions essayer d'y introduire un peu de vigueur, de mouvement et d'action.

Il est triste que dans les universités italiennes on ne fasse rien pour l'éducation physique. L'existence des étudiants se déroule souvent dans de mauvaises conditions hygiéniques. Les plus travailleurs passent la majeure partie de la journée dans des écoles mal aérées, ou bien sont renfermés dans les bibliothèques, dans les hôpitaux et dans les amphithéâtres. Il serait utile que dans les grandes villes où siègent les instituts supérieurs d'instruction, on pensât à organiser des gymnases et des champs de jeux. Que l'on supprime quelques cours et quelques collections et l'on pourra procurer cet avantage, sans augmenter les charges budgétaires.

Sans doute, on peut croire que c'est un rêve qu'espérer un changement subit dans les coutumes d'un peuple; chimère aussi, l'espérance de voir pénétrer dans les villes de province le désir d'améliorer l'éducation physique, d'y voir se développer la passion du sport, excitant parmi la jeunesse la noble ambition de s'aguerrir à la fatigue.

Pourtant les universités sont les seuls centres d'où pourra rayonner le mouvement de réforme de l'éducation scolaire. L'histoire de l'Angleterre nous le démontre. C'est le propre de la nature humaine que les élèves les plus jeunes et les moins avancés cherchent à imiter et à suivre l'exemple de ceux qui sont plus âgés et placés au-dessus d'eux.

CHAPITRE IV

LES COLLÈGES
ET L'EMPLOI DU TEMPS DANS LES ÉCOLES
EN ANGLETERRE ET SUR LE CONTINENT

I

Tous les Anglais passent une partie de leur jeunesse dans les institutions ou *colleges*, et il faut croire que l'éducation qui s'y donne est bonne, puisque la jeunesse anglaise y acquiert, avec l'instruction, un grand sentiment d'amour-propre et d'indépendance.

Les Anglais étudient moins que nous, mais plus que nous ils sont capables d'agir.

Pour cette raison, je crois qu'il est utile d'observer les écoles anglaises et de rechercher

4

comment elles obtiennent le développement de l'énergie individuelle et inculquent aux enfants un tel sentiment de leur responsabilité que lorsqu'ils sortent du collège ils ont toute la maturité de dehors et de manières qu'on peut attendre d'un homme fait.

Je ne connais pas assez l'histoire de l'Allemagne pour expliquer pourquoi, dans la nation allemande, l'éducation de la jeunesse se fait presque exclusivement dans la famille, tandis qu'en Angleterre elle se fait dans les collèges.

Le premier collège que j'aie visité a été l'*Ascham School* dans la ville de Bournemouth. Le recteur ou proviseur (*headmaster*) comme ils l'appellent, est le Révérend H. West. Pour arriver à ce collège que l'on m'avait cité comme un des meilleurs pensionnats, je dus, après avoir fait une splendide promenade sur le bord de la mer, pénétrer dans une forêt de pins où je faillis m'égarer. Enfin, en rebroussant chemin dans une direction où des cris joyeux d'enfants se faisaient entendre à une certaine distance, je découvris une grande maison de style gothique où je fis la connaissance du Révérend H. West. Je vis une de ces figures fortement caractérisées et des plus sympathiques, comme on en trouve souvent en Angleterre. Il me raconta qu'il avait été d'abord architecte, puis que, entré dans la carrière ecclésiastique, il avait finalement fondé cette école. Je le regardais en pensant que, chez nous, nul savant d'une culture aussi raffinée ne se serait déterminé à employer un capital considérable pour monter un collège. Mais il m'expliqua de suite que sa situation était une des plus avantageuses à laquelle pût aspirer un homme d'études. Il m'invita à une *garden party* et j'acceptai. Quand j'y retournai quelques jours après, pour assister à la fête qu'il donnait dans son collège, je trouvai M. le Révérend West et sa femme recevant des invités dans le parc, sur un tapis étalé sur le gazon. Mme West m'indiqua au fond du jardin une tente où étaient les rafraîchissements. Mais sous cette tente je trouvai des apprêts plus nutritifs et plus substantiels, car tout le monde mangeait et buvait allégrement. En faisant un petit tour dans le jardin rempli d'invités, je vis que le collège était composé de deux corps de bâtiments. Dans le plus grand auquel était attenante une belle serre pleine de fleurs, habitait M. West avec les plus petits enfants ; dans le jardin se trouvaient des hangars destinés aux jeux pour les jours de mauvais temps.

Sous l'un d'eux, décoré pour la fête, on donnait, ce jour-là, un concert. Les enfants du collège se promenaient tranquillement dans le jardin, s'arrêtaient au milieu des groupes d'invités et sous la tente, pour prendre leur part des friandises, des rafraîchissements, du thé, avec la modération et le tact d'hommes faits.

Ce savoir-vivre et cette discrétion des jeunes gens évoquaient dans ma pensée une scène à demi sauvage de ma jeunesse, alors que, étant au collège, j'avais vu saccager tous les hors-d'œuvres apprêtés sur la table du recteur, un peu avant le moment où ses propres invités allaient se mettre à table. Toute la division des grands fut mise au pain et à l'eau en vue de découvrir les auteurs du larcin qui déshonorait le collège, comme nous le répétait le recteur, en nous menaçant de le fermer. Mais les coupables ne furent pas trouvés et le collège ne fut pas fermé.

Cependant M. le Révérend West avec qui je

continuais à m'entretenir, me disait qu'il est essentiel de traiter les enfants comme des hommes, si l'on tient sérieusement à faire leur éducation. Et, précisément dans ce but, il donnait de temps en temps des fêtes et des bals auxquels il conviait les personnes les plus distinguées de la petite ville de Bournemouth, et même des jeunes filles, afin que ses collégiens apprissent à se tenir dans le monde.

J'essayai de causer avec deux de ces jeunes gens. Voyant que je désirais visiter le collège, ils se montrèrent très aimables, ils me conduisirent eux-mêmes dans les chambres, dans les classes, les dortoirs et partout. Naturellement, de temps en temps, leur âge se trahissait, et c'eût été fâcheux s'il n'en avait pas été ainsi. Pendant qu'ils m'accompagnaient, ils se lançaient mutuellement des coups d'œil malicieux, et en entendant mon anglais ils se mettaient la main sur la bouche pour ne pas me laisser voir qu'ils riaient. Mais j'aurais ri aussi bien qu'eux si j'avais pu comprendre tous les pataquès qui m'échappaient; et je crois, en effet, que ma prononciation exotique et l'étrangeté de mes questions devaient prêter à rire.

4.

Ils me racontèrent que, plus loin, environ à un quart d'heure de distance, ils avaient un grand pré pour les jeux et qu'ils s'y amusaient beaucoup, tous les jours, à la balle, à la raquette, au *cricket*, et qu'ils défiaient et battaient souvent d'autres collèges rivaux, enfin, que les anciens du collège étaient très habiles au canotage.

II

Le plus ancien collège d'Angleterre est, je crois, celui de Winchester, fondé en 1382. Ensuite vient celui d'Eton qui remonte au commencement du XV° siècle.

Les grands collèges pour l'éducation des jeunes gens sont éloignés des villes populeuses et sont si vastes qu'ils forment chacun presque un petit pays à eux seuls. Je me rappelle la petite colline sur laquelle s'élève le collège de Harrow.

De loin, en venant de Londres, on voit émerger entre les arbres le clocher de l'église à la flèche fine et haute. Et plus l'on approche, mieux on distingue, à travers la masse touffue de verdure, les bâtiments du collège, les deux bibliothèques, le musée, la chapelle gothique pour les collégiens, la maison du recteur. Au sommet de la colline, derrière les jardins, se trouvent les maisons qu'habitent les étudiants avec leurs professeurs. Ce sont de minuscules palais en briques rouges, quelques-unes recouverts de lierre ou de festons de verdure. D'autres maisons sont isolées sous les grands ormes ou à l'ombre des chênes. Dans chacune de ces maisons vivent de 10 à 20 jeunes gens.

Une des plus grandes que j'aie visitées est celle du recteur de Harrow, qui en loge une soixantaine; dans celle-là, comme dans toutes les autres, chaque étudiant a sa chambre pour lui seul. Je ne me rappelle pas combien il y a de ces maisons à Harrow, mais à Eton je suis sûr qu'il y en a vingt-six. Et toutes sont sous l'autorité de professeurs et de maîtres agréés par le gouvernement du collège.

A Eton, en se promenant sous les allées des grands ormes, on voit se dessiner les lignes d'une porte monumentale surmontée de la statue de quelque ancien roi d'Angleterre. Derrière les grilles, on aperçoit des parcs verdoyants, des cloîtres aux ogives pointues et au loin des échappées pittoresques de chemins bordés de maisons gothiques.

On ressent quelque chose qui vous pénètre de respect et vous porte vers des pensées élevées et lointaines, lorsqu'on réfléchit que derrière ces fenêtres, il n'y a partout que des chambrettes d'élèves, que ce bourg d'aspect modeste n'est autre qu'une école où étudient plus de mille enfants des plus grandes familles d'Angleterre, et que c'est une des plus anciennes écoles de l'Europe. Sans doute, la voilà la forteresse où s'est réfugiée l'éducation classique, comme derrière ses derniers retranchements. Et il semble qu'elle y demeurera inexpugnable, tant qu'il pourra nous être donné de voir sortir de ses murs moyen âge des élèves comme Gladstone et Shelley, assez forts pour donner l'impulsion à la vieille Angleterre et au monde entier.

Mais ce que j'admirai le plus, ce sont les immenses espaces destinés aux jeux. Tout autour du collège et des bâtiments d'habitation se trouvent différents enclos pour la balle, la raquette, le *football*, le *cricket*, la course, etc.

Avant de quitter Eton je voulus faire un tour sur la Tamise, ramer à travers ses méandres, et seul, dans une barque, me perdre sous les rameaux des saules penchés au-dessus des eaux, ou m'arrêter à contempler de loin le célèbre château de Windsor avec la blancheur de ses tours crénelées énormes, qui domine la plaine comme s'il ét t supporté par une forêt d'arbres séculaires. Et à ce tableau grandiose, les jeunes gens du collège apportaient la vie frissonnante dans leurs centaines d'embarcations, avec l'allégresse de leurs appels, la joie et l'enthousiasme de leur jeunesse libre et robuste.

Les Anglais qui tiennent tant à leurs souvenirs et à leurs traditions doivent éprouver une vive émotion en visitant ces collèges d'où sortirent leurs hommes les plus illustres. Celui qui entre pour la première fois dans une salle d'école quelconque ne peut réprimer un certain dégoût à la vue des tables, des bancs, de la chaire, des châssis des portes et même du lambrissage tout gravés de mille noms qui s'entrelacent et se recouvrent. Les bancs de chêne sont abîmés et incommodes; partout où se posent les pieds, on voit des sillons profonds comme des ornières;

quelques chaires sont cerclées de fer pour empêcher leur écrètement ; — et l'étranger ne comprend pas, à première vue, ce qu'il peut y avoir à respecter dans ces antiquailles. Mais lorsque, à Harrow, par exemple, votre guide met le doigt sur les noms de Palmerston, de Peel, de Byron, on comprend alors la valeur qu'ont ces reliques pour la patrie anglaise, et la fascination, le respect, et l'influence profonde qu'elles doivent exercer sur la jeunesse qui siège sur les mêmes bancs où ces hommes immortels gravèrent un souvenir de leur jeunesse.

De tous les collèges que j'ai visités, c'est celui de Winchester qui m'a produit la plus grande impression, probablement parce que c'est le plus ancien, parce qu'il se trouve plus loin de Londres et qu'il est plus isolé au milieu de la plaine. Ses murailles et ses tours semblent celles d'une forteresse. L'histoire raconte que réellement elles ont été plus d'une fois sauvées de la destruction par le secours des armes, destruction qui fut le sort de la cathédrale voisine de Winchester, pendant les révolutions.

Sous les armoiries du collège surmontées

d'une mitre épiscopale sont écrits ces mots : *Le savoir-vivre fait l'homme* [1].

Telle est la devise du plus ancien collège d'Angleterre, et l'on peut dire qu'aujourd'hui c'est encore celle de toutes les écoles anglaises.

Le seuil franchi, on est transporté en plein moyen âge; et même pour entrer chez le portier il faut se courber, tant la porte est basse. Dans la cour, on demeure saisi d'admiration à l'aspect sévère de l'édifice, d'un beau style gothique sans trop d'ornementation, comme il convient à un lieu destiné aux études. Les murs sont construits avec de gros moellons taillés qui, encastrés artistement en manière de mosaïque, rehaussent la beauté des proportions des lignes formant les contours des cloîtres et des tours. La chapelle a ses fenêtres garnies de vitraux anciens, ainsi que le chœur. Sur les murs brillent de grandes plaques de cuivre jaune portant les noms des Wykehamistes (comme les élèves s'appellent d'après le nom du fondateur) qui, arrivés à l'âge d'homme, moururent

---

1. Manners makyth Man.

sur les champs de bataille. Et en parcourant la liste, on voit qu'ils ont versé leur sang pour la patrie, dans tous les pays du monde.

III

Ce qui caractérise l'éducation des Anglais, c'est qu'ils donnent une grande importance à beaucoup de choses qui, chez nous, sont tout à fait négligées, et qu'ils n'en donnent que peu ou point à d'autres que nous croyons devoir être le but principal de l'éducation. Cela se comprendra si l'on jette un coup d'œil sur le calendrier de l'école de Winchester qui donne le *la* à toutes les autres. Je copie, parce que le nombre des congés est si grand que beaucoup de lecteurs n'y croiraient pas.

Les vacances ne sont point réparties de la même manière que chez nous. Les classes finissent en juillet. Il y a sept semaines de vacances, puis, cinq à Noël et trois à Pâques.

Celui que je mentionne est le calendrier de la période estivale. Je dois faire remarquer que dans les collèges comme dans toutes les familles d'Angleterre, la journée du dimanche est entièrement consacrée au repos. Dans le calendrier on doit donc considérer le dimanche comme une journée d'où l'étude est exclue.

5 MAI *Mardi*. — Partie de *cricket* où chacun des 11 joueurs paye ou gagne deux guinées.

12 MAI *Mardi*. — Nouvelle partie de *cricket*.

14 MAI *Jeudi*. — Partie de *cricket* contre 14 rivaux commandés par M. Buckland.

18 MAI *Lundi*. — Partie de *cricket* contre les anciens élèves du collège. Régates et joute contre les anciens Wykehamistes.

19 MAI *Mardi*. — Vacance toute la journée, pour un autre défi au *cricket* avec des anciens élèves.

C'est là un des traits caractéristiques des collèges anglais, où les anciens élèves se maintiennent toujours en relation avec leur collège. Cette semaine est entièrement consacrée à une réunion entre anciens et jeunes élèves. Nous verrons se répéter une autre fête analogue au mois de juin où il y aura encore trois autres jours de congé, et où aura lieu le banquet du collège. On m'a raconté à Eton que Gladstone honorait souvent ces banquets de sa présence, lorsqu'il visitait son ancien collège.

21 MAI *Jeudi*. — Deux parties de *cricket* contre un autre collège, et régates.

23 MAI. — Concours de tir à la cible avec un autre collège.

28 MAI. — Partie de *cricket* et courses à l'aviron.

Pour abréger, je n'ai pas mentionné les noms des sociétés et des collèges entre lesquels ont lieu ces concours. Quelques collèges étant éloignés, comme Eton, Harrow, etc., on comprend que les élèves de celui de Winchester doivent rester parfois toute la journée dehors et ne rentrer au gîte que tard dans la soirée. C'est ainsi que nous voyons sur le calendrier que dans le mois de mai de cette année, il y a eu à Winchester neuf journées destinées en grande partie aux exercices physiques et six jours de fête. Cela fait, dans tout le mois, quinze jours donnés aux divertissements et quinze à l'étude.

Dans le mois de juin, il y a, marqués sur le calendrier, dix jours pour les jeux, auxquels il convient d'ajouter sept autres jours qui sont les dimanches et autres jours fériés. Le deuxième jour de juin a dû être férié là-bas, car M. Webbe, un des plus célèbres joueurs de *cricket*, venait revoir son ancien collège et se mesurer avec les nouveaux élèves, après être revenu d'Australie où il avait vaincu les joueurs les plus renommés du monde. Et enfin, le 3 juillet, a lieu le spectacle le plus important par lequel se clôt la *Season* à Londres, c'est-à-dire le défi au *cricket* contre les élèves du collège d'Eton, sur le *Lord's cricket ground*.

C'est dans ces grands collèges fréquentés par les Anglais riches ou titrés, que l'éducation physique a fait les plus grands progrès, mais même dans les collèges à bon marché, à la portée de la classe bourgeoise, comme dans l'école de Charterhouse qui est une des plus estimées, on ne fait, trois fois par semaine, de onze heures et demie à sept heures du soir, que jouer au grand air et se reposer.

A Eton, il y a cinq grands terrains pour le *cricket*, chacun avec son pavillon devant servir de vestiaire et une galerie sur le devant, pour s'abriter quand il pleut. A Winchester, j'ai mesuré un de ces terrains : Il avait cent cinquante pas de côté; un autre tout près était plus grand et avait peut-être deux cents pas de côté. Sans compter les cours intérieures et les cloîtres de Winchester, il y a encore deux grands hangars pour jouer à la balle par le mauvais temps, et le tout pour 420 élèves. Autour du collège et partout où le regard peut atteindre et où la brume lointaine se confond avec le ciel, l'œil ne voit que prés, plantes et hautes haies qui, comme un océan de verdure, enveloppent la grande masse grise de la cathédrale, une des plus anciennes et des plus majestueuses d'Angleterre.

Je pensais à nos collèges non sans un sentiment d'humiliation. Je connais ceux de la haute Italie. Dans deux d'entre eux j'ai passé les premières années de ma jeunesse. Nous étions, là, pressés dans d'étroites cours dépourvues de toute végétation. Plusieurs divisions d'élèves étaient parquées au fond, dans l'espace compris entre les murs d'un très grand bâtiment haut de quatre étages. C'était plutôt un puits qu'une cour, et pas plus qu'en un puits, jamais un rayon de soleil n'en venait égayer le sol humide. C'était un de ces dégagements comme on en voit dans les grandes villes, où les architectes talonnés par les capitalistes font aboutir les cabinets et les escaliers, pour accumuler dans un espace restreint le plus de monde possible.

Le gouvernement qui fait des règlements pour fixer la hauteur des pièces, et qui lance continuellement des circulaires, devrait, avant tout, être tenu de commencer par se mettre le premier d'accord avec les règles de l'hygiène, dans les établissements qui lui appartiennent et déterminer en mètres carrés, le minimum d'espace libre nécessaire à un enfant cloîtré dans un collège. Si on le faisait, je crois qu'il faudrait fermer plus d'un établissement.

Dans la haute Italie, où l'on dit que les établissements scolaires sont meilleurs, je crois bien rares les collèges se trouvant en règle avec l'hygiène. Presque tous manquent de cours et de jardins suffisamment spacieux pour la récréation des élèves.

J'en connais un, par exemple, qui ne dépend pas du gouvernement mais qui est très fréquenté, et où manquent l'espace et la lumière, au point que les pauvres élèves sont obligés, sauf en plein et clair midi, de travailler au gaz.

La seule chose que j'aie vue partout installée avec luxe, c'était le parloir. De sorte que l'on peut dire avec le poète :

Non t'inganni l'ampiezza dell'entrare [1].

IV

Il y a des provinces, comme dans la Vénétie, où l'on ne chauffe pas du tout les écoles. J'ai entendu vanter le Piémont comme la partie de l'Italie ou l'on souffre le moins de l'hiver ; mais je me rappelle encore le froid dont j'ai souffert lorsque j'étais au collège. Une statistique annuelle des engelures scolaires serait une étude très intéressante, car l'on verrait où en est le thermomètre dans ces établissements.

Il est un préjugé parmi le peuple, que le froid fait du bien à la santé et donne des forces à la jeunesse. C'est une grave erreur, mais comme elle fait économiser sur les dépenses, on comprend que les administrations des collèges en profitent. Mais tout médecin a le devoir de pro-

----

1.   « Ne t'illusionne pas sur l'ampleur de l'entrée. »

tester contre ce préjugé et de dire de quelle façon beaucoup de jeunes gens qui meurent phtisiques ont reçu le coup fatal à la suite d'une bronchite ou d'une inflammation des poumons contractée au collège.

Le froid est utile pour exciter l'organisme, pour modifier la circulation de la peau et pour donner une espèce de douche à la surface du corps, au moyen de l'air glacé. Mais nous ne pouvons pas résister impunément à l'action d'un froid prolongé; car l'organisme se consumant plus rapidement pour résister à la température extérieure, nous nous usons et nous affaiblissons. Les poumons et les bronches qui sont en contact avec l'air froid inspiré sont les plus facilement atteints.

Une des choses qui nous humilient le plus dans le domaine de l'instruction, c'est la grande infériorité des collèges de l'État en comparaison de ceux qui se trouvent entre les mains des ecclésiastiques. Il faut être franc et, aussi mortifiant que cela soit à confesser, il y aurait manque de courage à se taire. En Italie nous n'avons pas su, jusqu'ici, pourvoir efficacement à l'éducation libérale et civile de la jeunesse.

Les gouvernements ont le devoir d'intervenir avec sollicitude, en cherchant à donner un plus grand développement aux collèges situés hors des grandes villes, là où le terrain est à bon marché et où l'on pourrait plus aisément introduire toutes les améliorations exigées par la société moderne. Si les gouvernements, dans les conditions actuelles, ne sont pas à même d'y pourvoir, les communes et spécialement les particuliers devraient faire les premiers pas. Il y a tant de sociétés coopératives qu'il me semble que des pères de famille chargés d'enfants trouveraient avantage à chercher à développer et à améliorer quelque collège de petite ville et à y attirer de bons professeurs, en leur offrant des habitations commodes.

Les établissements ecclésiastiques ont été les premiers à donner l'exemple des demi-pensionnats où les jeunes gens vont le matin et peuvent déjeuner, en rentrant le soir dans leurs familles. Les conditions de la société, avec l'industrie moderne, sont telles que les familles pauvres ne peuvent, autant qu'il est nécessaire, se consacrer à l'éducation de leurs enfants.

La perte de temps inévitable dans les grandes

villes pour accompagner quatre fois par jour les jeunes gens à l'école est, même pour les familles aisées, un sérieux sacrifice. Une commission a déjà proposé au ministère italien l'institution de collèges mixtes. Mais notre gouvernement n'a rien fait. Il ne serait cependant pas difficile d'organiser ces collèges mixtes de façon que les jeunes gens puissent déjeuner dans l'établissement d'une soupe ou d'un plat de viande qui leur seraient vendus, sur leur demande.

Ce serait un grand bien pour l'éducation physique, si le gouvernement et les communes pourvoyaient les établissements scolaires de grandes cours destinées aux jeux. Mais ce serait grand dommage si l'on ouvrait des collèges mixtes dans des établissements dépourvus d'espaces permettant aux jeunes gens l'exercice au grand air et au soleil.

V

On a tant écrit, dans ces derniers temps, sur la surmenage cérébral, que, pour être bref, je ne m'y arrêterai pas. J'en ai parlé dans mon ouvrage sur la fatigue [1] où je montre les graves préjudices que le travail intellectuel cause à l'organisme.

Je dois toutefois mettre en évidence ce seul fait que les programmes actuels des écoles du continent ne sont pas convenablement conçus pour donner au corps la plus grande vigueur possible.

En faisant la moyenne des heures d'école et du temps que les élèves emploient à faire leurs devoirs et à apprendre les leçons, on constate que vingt parties du temps sont consacrées à l'éducation intellectuelle et une partie seulement à l'éducation physique.

C'est l'erreur la plus grave de l'éducation moderne. De toutes les conditions artificielles qui enveloppent la société actuelle, et créent un milieu morbide pour le développement de l'homme, c'est la plus triste et la plus blâmable. Les physiologistes et les médecins de tous pays ont protesté contre cet abus. Preyer, dans son ouvrage *École et Sciences naturelles* [2], dit, entre

---

1. *La fatigue intellectuelle et physique*, traduit sur la 3° édit. ital. par le D' Langlois. Paris, Félix Alcan, 1894.
2. W. PREYER, *Naturforschung und Schule*, 1889.

autres choses, que l'éducation de nos écoles tend à rabougrir et faire dégénérer les fibres de la jeunesse. Sur 1000 volontaires d'un an, il y a 154 myopes, 347 qui ont les muscles peu développés, 114 inaptes au service militaire, tandis que sur 1000 conscrits ordinaires où prédominent précisément les jeunes gens pris dans les couches inférieures de la société il n'y a qu'un seul myope, 267 faibles de développement musculaire et 73 inaptes au service militaire.

L'Académie de médecine de Paris a discuté en 1887 le régime des écoles et le surmenage intellectuel, dans une série de séances mémorables. Dans la presse et dans les parlements de beaucoup de pays d'Europe on a débattu ce grave problème. Il semble que c'est en Suisse que l'école exerce les plus grands ravages, suivant les recherches d'Axel Key [1].

Cependant, en Italie également, en examinant les horaires de beaucoup de collèges, j'ai trouvé qu'il y est prescrit onze heures d'étude par jour. Même en les réduisant à dix, c'est encore

1. AXEL KEY, *Schulhygienische Untersuchunge*. Hambourg, 1889.

plus de la moitié de ce que comporte la limite physiologique de l'attention, et deux tiers de plus que le temps donné à l'étude dans les collèges anglais. Ce travail excessif, nous l'avons introduit dans les écoles en l'empruntant aux Allemands, sans tenir compte de ce que, en Allemagne, d'éminents écrivains-pédagogues comme Wiese [1] avaient déjà démontré que la méthode anglaise était préférable à la leur, pour éviter le surmenage intellectuel. Et récemment encore, Ziegler [2], dans son ouvrage sur la réforme scolaire affirme que onze heures de travail intellectuel par jour, sont pernicieuses.

Il m'est arrivé de voir dans un collège anglais les heures de la matinée consacrées aux jeux. C'est précisément le contraire de ce que nous faisons en Italie pour la gymnastique. Le recteur auquel j'en demandai le motif, me dit que les jeux doivent être pratiqués lorsque le jeune homme est plus frais et plus dispos, tandis que, pour l'étude, le temps ne fait jamais défaut. Je dis cela pour montrer l'importance donnée

---

1. L. Wiese, *Deutsche Briefe ueber englische Erziehung*, t. II, p. 192. Berlin, 1877.
2. Th. Ziegler, *Die Fragen der Schulreform*. Stuttgart, 1891.

là-bas, aux jeux, dans l'économie de l'éducation.

L'atrophie de la volonté, le défaut d'originalité, sont les conséquences des persécutions par lesquelles nous triturons la jeunesse sous forme des programmes excessifs de l'école. On fait mijoter les jeunes gens pour les examens, comme disent les Anglais. Tout est là. Les connaissances doivent être stratifiées dans la tête de façon égale et uniforme pour tous, et l'on dispose les horaires de façon à ne pouvoir, faute de temps, approfondir aucun des sujets pour lesquels un jeune homme pourrait se passionner.

Sur le continent, nous avons confondu la faculté de digérer avec celle d'ingérer; nous gavons les jeunes gens, toute la journée, d'un aliment dont ils ne peuvent se nourrir et nous leur dérobons un temps précieux pour le développement de l'organisme et le repos du cerveau.

Les gouvernements, les professeurs et les maîtres d'école rivalisent d'ambition insensée et aveugle, pour remplir la tête des jeunes gens d'un fatras de choses inutiles qu'ils ne peuvent s'assimiler et qu'ils oublieraient avant le moment propice, même s'ils les apprenaient.

Pendant que nous voyons les ouvriers se préparer à la rénovation par la journée de huit heures de travail, nous obligeons nos enfants, dès leur âge le plus tendre, à rester courbés sur leurs pupitres et sur les bancs de l'école, jusqu'à dix heures par jour!

CHAPITRE V

L'ÉVOLUTION DE LA GYMNASTIQUE

I

Guts Muths est le père de la gymnastique moderne. Son livre [1], imprimé vers la fin du siècle dernier, est le plus ancien traité de gymnastique.

La gymnastique moderne telle que nous la voyons dans les écoles, est née après la bataille d'Austerlitz et de Iéna, quand les armées de l'Autriche et de la Russie une fois détruites, Napoléon commença à faire sentir le poids de sa tyrannie sur l'Allemagne.

C'est en 1811, dans la période de préparation à

---

1. Guts Muths, *Gymnastik für die Jugend*, 1793; publié en 1804.

la guerre qui devait affranchir la Prusse, que fut ouverte à Berlin, par Frédéric-Louis Jahn, la première salle de gymnastique. — Jahn est une physionomie historique d'homme et de patriote, un des plus grands agitateurs de la délivrance; philologue distingué, et écrivain plein de brio, sa vie est entremêlée de pages émouvantes et de vicissitudes dramatiques.

Dans l'idée de Guts Muths le jeu devrait avoir une grande importance dans l'éducation. Le titre même de son ouvrage le prouve : *Jeux pour l'exercice et le soulagement du corps et de l'esprit, ouvrage dédié à la jeunesse, à ses éducateurs et à tous les amis des plaisirs juvéniles innocents* [1].

C'est ainsi que Guts Muths intitule son ouvrage sur les jeux, vers la fin du siècle dernier, et l'on y lit que *nous devons conduire tous les jours nos enfants aux jeux comme on les conduit au travail.*

Mais au lieu de laisser la gymnastique se développer au grand air et au soleil on l'enferma

---

1. Guts Muths, *Spiele zur Uebung und Erholung des Körpers und Geistes, für die Jugend, ihre Erzieher und alle Freunde unschuldiger Jugendfreuden.* Schneppenthal, 1796; Hoff, 1885.

bientôt dans les gymnases couverts. Les militaires s'en emparèrent et l'enflèrent de formules et de commandements. Elle devint une théorie abstraite des mouvements, pleine d'obscurités, et fatiguant l'intelligence. L'attention des gymnastes se concentra sur les muscles des bras et ils ne pensèrent guère au cœur, ni aux poumons ni à l'ensemble de l'organisme.

En 1825, la tradition primitive ne s'était pas encore obscurcie. Le colonel E. Young, dont on conserve le tombeau à Turin, écrivit le premier traité italien de gymnastique [1]. Dans cet ouvrage il réunissait l'œuvre de Guts Muths et celle d'un autre écrivain célèbre, Clias [2].

Les ouvrages publiés depuis n'ont plus conservé l'originalité, le côté artistique de ces anciens traités. Celui de Clias, en particulier, contient à titre de préface une étude historique, de haute importance, de Bally; ses riches gravures sur cuivre sont d'un grand prix, et jamais, depuis, on n'a illustré un livre de gymnastique avec autant de goût.

---

1. E. YOUNG, *Corso di gimnastica di Clias e Guts Muths.* Milan, 1825.
2. CLIAS, *Gymnastique élémentaire.* Paris, 1819.

Cette méthode artificielle d'éducation physique fut accueillie avec enthousiasme et se répandit rapidement, mais elle ne s'est que peu ou point perfectionnée dans les années suivantes. Pour la génération à laquelle j'appartiens, on peut dire que la gymnastique est restée stationnaire. Cet arrêt dans son développement provient de ce qu'elle ne pouvait pas suffire comme méthode d'éducation physique. Les tendances militaires portèrent préjudice à la gymnastique.

II

Déjà, dès le commencement de ce siècle, nous trouvons face à face les deux systèmes, allemand et suédois, de gymnastique.

Pierre Henry Ling, après avoir été professeur d'escrime à l'université de Lund, fonda en 1813 l'Institut gymnastique de Stockholm. Ling était un poète lyrique et un homme de grande valeur; il étudia l'anatomie et la physiologie, avant de se consacrer à la gymnastique. Un amour ardent de son pays, les souvenirs de la civilisation classique d'Athènes et de Rome lui firent concevoir l'audacieux dessein de refaire l'éducation physique de ses concitoyens, de les élever dans l'esprit hellénique, d'aguerrir et d'habituer à la fatigue la jeunesse du Nord.

La caractéristique de la gymnastique suédoise présente un double aspect. D'abord la simplicité et le naturel des exercices. Ensuite sa tendance physiologique et hygiénique. Je citerai ce seul passage d'un livre de gymnastique suédois, pour en montrer la portée scientifique [1] : « Tout mouvement qui n'est pas scientifiquement déterminé dans sa cause et dans ses effets anatomiques et physiologiques, dans son principe et dans ses conséquences, n'est pas un mouvement gymnastique ».

La gymnastique allemande donne aux mouvements le maximum d'intensité avec des arrêts saccadés. La gymnastique suédoise cherche au contraire à faire exécuter lentement les mouvements et à leur donner une grande ampleur. Ce n'est donc pas l'énergie de la contraction que l'on cherche en Suède mais la distension des muscles. On agit plutôt sur les articulations,

1. K. Schenstroem, *Réflexions sur l'éducation physique.* Paris, 1880.

sur les ligaments, sur les tendons, en cherchant à augmenter la surface des articulations et en prolongeant méthodiquement les contractions. Les appareils de la gymnastique suédoise consistent en de simples barres fixées horizontalement aux murs, comme un râtelier, et qu'ils nomment *espaliers*.

A Turin, plusieurs établissements ont adopté déjà le râtelier suédois. C'est un appareil des plus économiques. On choisit 12 à 14 rondins de bois, de 3 à 4 centimètres de diamètre; on les fixe au mur par des crochets en fer, à la distance de 10 à 12 centimètres l'un de l'autre, de façon que l'on puisse passer commodément les doigts entre le mur et les barres, pour les empoigner, et que la partie antérieure du pied y trouve un point d'appui. Dans les gymnases suédois, les salles ont un ou deux murs recouverts de râteliers qui, partant du sol, montent à 2 mètres environ de hauteur. Le râtelier est un excellent appareil que l'on devrait introduire dans tous les gymnases, spécialement dans ceux qui servent à la gymnastique féminine.

Dans toute la gymnastique allemande il n'y a aucun exercice servant à développer et à raffermir les muscles de l'abdomen, ce qui est une grave lacune. Si les exercices gymnastiques mettant en mouvement les muscles de l'abdomen sont utiles aux hommes, ils sont absolument indispensables pour les femmes.

J'ai déjà parlé, dans un de mes écrits *sur l'éducation physique de la femme* [1], des différences essentielles entre la gymnastique physiologique des garçons et celle des filles. Ici, puisque l'occasion se présente de mentionner le râtelier, je ne puis m'empêcher de recommander cet appareil à tous ceux qui doivent s'occuper de gymnastique féminine. Posant la partie antérieure des pieds sur les barres inférieures du râtelier et s'asseyant sur un banc, les Suédois renversent les épaules en arrière, et obtiennent ainsi des distensions et des contractions des muscles abdominaux qui sont des exercices très recommandables pour les jeunes filles. Le râtelier convient mieux que n'importe quel autre appareil, pour obtenir une lente distension des muscles des extrémités et pour donner au corps des courbures esthétiques.

---

1. A. Mosso, *L'educazione fisica della donna*. Fratelli Treves, Milano, 1892.

Les exercices de suspension et d'appui que les Suédois font au râtelier, offrent le grand avantage que les bras ne sont pas obligés de supporter à l'improviste tout le poids du corps; par contre, les jambes qui n'abandonnent jamais le terrain, concourent à le soutenir.

Dans leurs gymnases, les Suédois ont l'échelle rectangulaire, le cheval de bois et quelques rares agrès. Le rôle de ces appareils est tout autre que chez nous. Les exercices ne sont pas athlétiques. Ce sont plutôt des attitudes et des poses artistiques où l'on s'étudie soigneusement à éviter les contractions brusques et les secousses des muscles.

Dans nos gymnases, on voit souvent des jeunes gens qui s'abstiennent des exercices gymnastiques, pour cause de faiblesse ou de quelque défaut physique qui les rend incapables de se soutenir sur les barres parallèles ou sur la barre fixe. C'est un triste spectacle que celui de ces jeunes gens qui contemplent avec mélancolie leurs camarades envers qui la nature a été moins marâtre. Et ce sont eux cependant qui ont le plus besoin d'exercer leurs muscles.

Il suffit de voir ces enfants grêles et maladifs,

pour apprécier l'injustice de la propagande faite actuellement en Italie pour rendre obligatoire l'examen de gymnastique, dans l'espérance de peupler tant soit peu les gymnases. C'est un vice de nos règlements de ne rien vouloir abandonner à l'initiative privée et de croire que tous les hommes sont égaux. Je me rappelle l'éclat de rire que m'arracha un officier de marine en me racontant l'aventure comique d'une école de gymnastique installée à la Spezzia. Les élèves qui sont des marins, et qui avaient passé leur vie à grimper comme des singes sur les mâts des navires, étaient obligés de faire les exercices sur les parallèles et sur la poutre d'équilibre élevée de quelques pieds au-dessus du sol.

La gymnastique suédoise est à la portée de tout le monde. C'est avec discernement qu'on en exclut les exercices de force que seuls peuvent exécuter quelques privilégiés, ou bien seulement la jeunesse la plus robuste. L'acrobatie ne peut prendre racine dans la gymnastique suédoise ni faire dévier la direction de l'éducation physique. A nous, gens de race latine, la gymnastique allemande plaît peut-être davantage, parce que nous en voyons tout de suite les effets et que, par l'entraînement intensif, nous produisons une rapide augmentation des forces et du développement musculaire. La méthode suédoise convient davantage aux gens plus froids, plus calmes, sûrs d'atteindre le même effet par une voie plus longue. « La force nous vient sans la chercher, disent les Suédois [1]. »

Par la méthode de Ling, on cherche à faire exécuter aux muscles le maximum de contraction dont ils sont capables : l'intensité doit aller en croissant lentement et les efforts doivent augmenter progressivement. Pour mieux graduer l'intensité et la durée de la contraction, on se sert d'un autre élève qui s'oppose méthodiquement au mouvement. Le développement des muscles est moins grand, mais l'effet hygiénique est supérieur à celui de la gymnastique allemande.

Dans la gymnastique militaire, le système nerveux fait, à chaque commandement, contracter tous les muscles ou ceux d'une grande partie du corps. Quand nous serrons fortement la main, les muscles qui tendent à l'ouvrir fonctionnent

---

1. FERNAND LAGRANGE, *La gymnastique à Stockholm*. (*Revue des Deux Mondes*, 15 avril 1891.)

involontairement aussi. Il y a là, pour ainsi dire, un travail inutile, qui se perd : c'est celui de la contraction des muscles antagonistes, qui limite et détruit une partie de l'effet des muscles opposés.

L'esprit scientifique et les connaissances d'anatomie et de physiologie que Ling réclamait de ses élèves ont été utiles à la gymnastique suédoise ; car elle s'est perfectionnée continuellement, et a pénétré même du domaine de l'éducation physique dans celui de la médecine.

Le massage et la gymnastique chirurgicale, qui se confondent de plus en plus, sont des produits de la gymnastique suédoise. C'est une bonne idée qui, lentement, a marché vers sa maturité. La gymnastique suédoise s'est imposée et elle affirme graduellement sa supériorité dans l'évolution que subit la gymnastique sur le continent.

L'antagonisme entre les gymnastiques suédoise et allemande n'a pas encore cessé, après bientôt un siècle de lutte.

III

C'est en 1876 que commença en Allemagne l'évolution de la gymnastique vers les jeux.

Au huitième congrès de gymnastique, à Brunswick, on demanda que les jeux fussent introduits et mis en pratique dans la gymnastique, comme en étant le complément nécessaire. En 1882 parut une circulaire célèbre du ministre de l'instruction publique von Gossler, qui doit être considérée comme le commencement de la réforme de la gymnastique en Allemagne. Nous reproduisons à la fin de ce chapitre cette circulaire publiée le 27 octobre 1882.

En 1883, le gouvernement belge organisa à Liège et à Nivelles un enseignement spécial des jeux pour les professeurs de gymnastique. Telles sont les dates les plus importantes de cette évolution.

M. G. Docx a donné une vive impulsion à la réforme de la gymnastique par ses nombreux et précieux écrits. Je suis heureux de le remercier de la courtoisie avec laquelle il a bien voulu me faire connaître, à Bruxelles, les progrès accomplis dans l'éducation physique par l'introduction des jeux dans les écoles.

Le mouvement de réforme de la gymnastique a été si rapide en Allemagne que dans ces dix dernières années il y a paru 55 ouvrages sur ce sujet, ainsi que j'ai pu les compter dans un relevé publié à Berlin par M. Eckler sur les jeux de la jeunesse et du peuple [1].

Parmi les écrivains les plus autorisés qui ont été les promoteurs de l'évolution de la gymnastique, il faut rappeler *K. Koch*, *H. Raydt*, *R.-A. Schmidt*.

Les nombreux ouvrages de ces auteurs sont connus de tous ceux qui suivent les progrès de cette branche de la littérature allemande. Parmi les hommes politiques, je citerai le ministre von Gossler et le député allemand E. de Schenkendorff. Parmi les journaux spéciaux : la *Zeitschrift für Gesundheitspflege* du docteur Kotelmann, publiée par l'éditeur Voss, de Hambourg, et la *Zeitschrift für Turnen und Jugendspiel* dirigée

---

1. *Ueber Jugend=und, Volksspiele. Central Ausschuss zur Förderung der Jugend=und Volksspiele in Deutschland*, 1892, p. 21.

par les docteurs H. Schnell et H. Wickenhagen.
En France, deux sociétés ont pris l'initiative du
relèvement dans le domaine de l'éducation physique : *la Société pour la propagation des exercices physiques dans l'éducation*, dont M. Jules
Simon est président, et *la Ligue nationale de
l'éducation physique*, dont le président est
M. Berthelot. Il suffit de citer ces noms pour
voir quels hommes éminents dirigent actuellement la réforme de l'éducation physique en
France.

Les objections que soulève la gymnastique
allemande se trouvent exposées dans divers
ouvrages français et spécialement dans ceux du
docteur Lagrange [1], dans les nombreux écrits
de M. Demeny [2] et de M. Pierre de Coubertin [3].

Dans la ville même de Berlin où est née la
gymnastique moderne, il se produit un grand
mouvement pour de la réforme de l'éducation
physique. La Sprée, un peu en dehors de la

---

1. FERNAND LAGRANGE : *Physiologie des exercices du corps*,
Paris, Félix Alcan, 1893 ; *L'hygiène de l'exercice chez les enfants
et les jeunes gens*, Paris, Félix Alcan, 1890 ; *De l'exercice chez
les adultes*, Paris, Félix Alcan, 1891.

2. G. DEMENY, *Résumé de cours théoriques*. Le Mans, 1886.

3. PIERRE DE COUBERTIN, *L'éducation anglaise en France*,
Paris, 1889.

ville, se prête parfaitement à servir de champ de régates, et partout se manifeste une incroyable animation due à l'affluence des canotiers. Il n'est pas nécessaire, d'ailleurs, d'aller jusqu'en Prusse pour le savoir. Tous ceux qui, en Italie, ont la passion de ramer savent que a plupart des canots de régates viennent de Berlin, et que les progrès faits en Allemagne dans l'industrie relative à ce genre de sport sont continus.

En visitant à Berlin divers clubs fondés en 1893 pour les jeux athlétiques, j'appris que, peu de mois auparavant, cinquante députés de tous partis avaient voulu assister à une fête donnée à Schönholzer-Park par une société à la tête de laquelle étaient des étudiants. On joua au disque, à la course, au saut, à la balle et à d'autres jeux que l'on cherche actuellement à rendre populaires en Allemagne.

En Autriche, le ministre de l'instruction publique, M. Gautsch lui-même, se rendit en 1891 à une fête analogue, aux environs de Vienne. Par les descriptions que j'en ai lues dans les journaux, j'ai vu combien le gouvernement autrichien se préoccupe d'introduire les jeux dans les écoles. En Hongrie, le ministre de l'instruction publique Von Berzewicky, en mai 1889, chargea la Société d'hygiène de faire des propositions en vue de la réforme de l'éducation physique de la jeunesse. Le résultat des études faites en Hongrie a été publié dans un ouvrage intéressant de J. Dollinger et W. Suppan [1].

IV

Le problème de l'éducation physique ne saurait être résolu ni par les seuls militaires, ni par les professeurs de pédagogie, ni par les maîtres de gymnastique.

De quelque côté que l'on envisage la question, on y trouvera toujours que la gymnastique dépend de la physiologie.

Ce qui a fait retarder la réforme de la gymnastique en Italie, c'est le fait que l'on a placé en trop petit nombre, dans la commission qui en avait la charge, les physiologistes et les hygiénistes.

J'espère que l'on trouvera bientôt quelqu'un

1. J. DOLLINGER ET W. SUPPAN, *Ueber die Körperliche Erziehung der Jugend*. Stuttgart, 1891.

pour écrire une brochure et peut-être un volume ayant pour titre : *Les questions techniques et les commissions gouvernementales en Italie*. Ce serait un service à rendre à mon pays que de lui montrer comment, en ce genre d'affaires, on procède dans le ministère et au Parlement. Pour la gymnastique, je crois qu'il se passera des années avant que l'on accomplisse une réforme sérieuse. La Chambre italienne ne s'occupera jamais ni de gymnastique ni d'instruction, de son initiative propre, si elle continue les errements des douze dernières années. C'est douloureux à dire, mais, sous ce rapport, nous sommes inférieurs à toutes les grandes nations d'Europe, où tous les Parlements, les uns plus, les autres moins, ont débattu le problème de l'éducation physique. Je crains fort que, sur ce point encore, nous ne nous laissions aller à la remorque des autres nations civilisées.

En 1887, le ministre de l'instruction publique en France chargea M. le professeur Marey de constituer une commission pour reviser les programmes d'enseignement de la gymnastique. Cette commission fut entièrement composée de personnalités techniques. Je citerai, entre autres,

MM. Quénu, Demeny, Lagrange et François Frank. Sur 24 membres il n'y a que deux députés, les docteurs Blatin et Rey. Le gouvernement de la République n'a pas regardé à la dépense, afin que le travail de la commission fût mené à bien. Plusieurs membres, entre autres MM. Lagrange et Demeny, se rendirent à l'étranger, en Belgique et en Suède, et rédigèrent des rapports importants sur leurs voyages. La commission accomplit rapidement son mandat et publia deux mémoires considérables [1] qui seront étudiés avec profit par quiconque s'intéresse au problème de l'éducation physique.

En Italie, le ministère a nommé, lui aussi, un an après, le 27 décembre 1888, dans le même but, une commission. Mais peut-être les défauts du parlementarisme en Italie sont-ils plus grands qu'ailleurs, ou bien en Italie l'opinion publique accorde-t-elle moins de valeur à l'autorité de la science — il n'en est pas moins vrai que les membres de la commission furent pris par moitié dans le Parlement et par moitié

1. *Travaux de la commission de gymnastique*, Paris, Imprimerie Nationale, 1889. *Musée pédagogique : Mémoires et documents scolaires*, n° 77. — *Manuel d'exercices gymnastiques et de jeux scolaires*, Paris, Impr. Nat., 1891.

en dehors. Ils étaient 29, tous hommes de grande respectabilité. Mais comme ils étaient trop nombreux pour un même travail, ils arrivèrent, après de longues discussions, à ne rien conclure. Ils finirent comme on finirait dans une ascension alpine où 29 hommes s'attacheraient à la même corde : situation surtout fâcheuse s'il y en avait, quelques-uns, dans la caravane, qui n'eussent jamais fait d'alpinisme.

V

La France s'occupe actuellement, plus que tout autre pays, d'améliorer l'éducation de la jeunesse. Les mêmes raisons qui donnèrent naissance à la gymnastique en Allemagne, lorsqu'elle fut battue et opprimée, poussent maintenant la France à s'aguerrir. Jamais, dans l'histoire de l'Europe, on n'a vu un peuple se préparer à la guerre avec plus d'enthousiasme. Ce qui donne un caractère spécial à la renaissance de la gymnastique en France, c'est son orientation scientifique. Dans aucun pays, comme en France, les médecins, les physiologistes et les hommes de science ne prennent une part aussi active à l'étude des améliorations à introduire dans l'éducation physique.

La ville de Paris a voulu fonder elle-même, une école, « où la physiologie fût appliquée au plus élevé des objectifs qu'ait la science : celui du perfectionnement physique de l'homme ». Et, de concert avec le gouvernement de la République, elle a donné au professeur Marey les moyens de créer une station physiologique.

J'ai eu récemment l'occasion de m'arrêter quelques semaines en France. Le professeur Marey à qui je suis, depuis bien des années, attaché par l'affection d'un disciple, a bien voulu me faire connaître les perfectionnements réalisés dans sa station, pour l'étude de l'homme. Certainement, dans aucun pays d'Europe on ne peut mieux étudier les ingénieuses applications de la photographie instantanée à la physiologie des mouvements.

La station physiologique se trouve à Boulogne-sur-Seine, avenue des Princes, peu éloignée de la station du chemin de fer d'Auteuil, au milieu d'un parc splendide. A l'intérieur, on voit de vastes pelouses, des chemins de fer avec des rails pour diriger les engins photographiques, des espèces de tourelles en bois pour photographier d'en haut les hommes et les animaux en mouvement. Dans cet établissement, outre l'atelier de mécanique, les collections de plans, la bibliothèque et le laboratoire de photographie, on voit une grande salle où le professeur Marey fait ses cours sur la physiologie des mouvements, ainsi que plusieurs salles de travail.

C'est là que j'ai fait la connaissance de M. Demeny, sous-directeur de la station. C'est un véritable apôtre de la gymnastique scientifique; il est convaincu du triomphe absolu de la physiologie qui est appelée à la transformer, en révélant des perfectionnements dans la manière de marcher, de franchir les longues distances, etc., etc. [1]. « Les éleveurs de bestiaux ont bien reconnu, me disait-il, l'utilité de la science, pourquoi les hommes de guerre et les politiciens ne le feraient-ils pas? »

M. Demeny est un physiologiste également très habile en mécanique, il a inventé nombre d'applications de la physiologie à la gymnas-

---

1. DEMENY, *De la précision des méthodes d'éducation physique.* (*Revue scientifique*, 1890.)

tique et il a actuellement réuni tout un arsenal d'instruments nouveaux servant à mesurer les formes de l'homme et du mouvement. Si je voulais citer seulement le titre de ses travaux, j'en remplirais une page entière — ce qui serait utile, d'ailleurs, pour faire connaître le champ actuel d'études de la gymnastique scientifique.

Le nom du Dr Lagrange est connu de ceux qui se sont occupés d'études sur la gymnastique, et je croirais faire tort à sa notoriété en disant davantage sur son œuvre et en paraissant mettre son mérite en évidence. Je rappellerai seulement, pour donner une indication qui le caractérise, une phrase empruntée à l'un de ses ouvrages :

Notre gymnastique est aussi mal adaptée à l'hygiène morale de l'enfant qu'à son hygiène physique [1].

Parmi les physiologistes français qui se sont occupés avec le plus grand succès de la physiologie des muscles et des mouvements, je citerai encore MM. Chauveau, Ch. Richet, d'Arsonval, Dastre et François Frank.

---

1. F. LAGRANGE, *L'hygiène de l'exercice chez les enfants et les jeunes gens*. Paris, Félix Alcan, 1890, p. 303.

VI

Grâce à la recommandation de quelques amis, membres de la commission pour la réforme de la gymnastique en France, j'ai pu faire la connaissance d'officiers distingués, et visiter l'école de gymnastique de Joinville-le-Pont.

L'école militaire de gymnastique, qui avait été fondée en 1829 à Grenelle, a été transférée à la redoute de *la Faisanderie*, au fort de Vincennes. Je tenais à visiter cette école célèbre, non seulement pour me faire une idée juste de l'état actuel de la gymnastique militaire en France, mais aussi parce que d'importants travaux physiologiques sont sortis de l'enceinte de ce fort. Je rappellerai entre autres les célèbres recherches de Marey et de Hillairet et celles de Chassagne et de Dally.

Le commandant de l'école de gymnastique, le major Castex, n'était pas à Vincennes à ce moment, mais quatre capitaines, deux médecins-majors et une vingtaine d'officiers attachés à l'école s'y trouvaient présents. Je fus accueilli avec une grande amabilité. Un officier me fit voir immédiatement les appareils, la piste des courses et un bastion haut de 9 mètres où les soldats s'exercent à l'escalade, en s'aidant de cordes et de perches, tout en portant le fusil en bandoulière. Dans les exercices de course, dans le saut des fossés et des obstacles, les soldats commencent par prendre en mains le fusil, en guise d'haltères. Les exercices sont répartis de façon à produire un entraînement graduel, par des difficultés toujours croissantes, jusqu'à ce que les soldats arrivent à courir, par escouades, avec armes et bagages, au pas gymnastique, sur la crête d'un mur droit et isolé, haut de 5 mètres et large de 30 centimètres. Et l'on m'a dit que dans l'espace de quinze ans il n'en était tombé qu'un ou deux.

En sortant de l'école de gymnastique pour aller au camp où se donne l'instruction militaire, je passai sur un pont-levis. En voyant cet assemblage lugubre de casemates, de fossés, de meurtrières, de plates-formes et de bastions, où de tous côtés les gueules des canons semblent vous guetter, en contemplant ce colossal appareil de guerre, j'éprouvai comme une sensation de froid, et le nom de *Faisanderie* donné à cette redoute, nom qui rappelait les idylles champêtres de la cour du siècle dernier, me sembla une amère ironie. Au loin on entendait les coups de fusil du champ de tir, les fanfares, les tambours — et au fond, dans les prairies qui bordaient la forêt, on voyait l'artillerie et la cavalerie en manœuvre. Entre temps, un autre officier non moins courtois, s'était joint à nous dans notre trajet vers le camp. Je m'aperçus de suite qu'il voulait parler de physiologie, car il se présenta lui-même, en me disant qu'il avait suivi les cours du professeur Marey. On me fit visiter les salles d'escrime; je crois qu'il y en avait une quinzaine, bout à bout, dans certains baraquements qui, par leurs dispositions, rappellent une affectation première à un lazaret.

Nous n'avons certainement rien en Italie qui puisse ressembler même de loin à cette école de gymnastique où viennent chaque année cinquante officiers qui y restent environ six mois, et neuf cents soldats qui retournent ensuite à leurs corps pour enseigner à leurs camarades la gymnastique. Nos établissements militaires ne s'occupent que de l'escrime. Or on peut discuter sur la valeur de la gymnastique comme méthode d'éducation physique prolongée et permanente pour la jeunesse, mais il n'y a pas de doute qu'elle soit un excellent moyen d'éducation militaire.

Comme nous repassions le long de la piste, pour sortir de la forteresse, l'officier qui m'accompagnait voulut me faire mieux voir la hauteur des haies précédées et suivies chacune d'un fossé, les obstacles, et les diverses tranchées. L'une d'elles avait 2 mètres de largeur, et était profonde de la hauteur d'un homme. Tout d'un coup son visage souriant changea et son regard bon garçon devenant grave, il me dit : *Il faut voir nos pelotons franchir tous ces obstacles avec un ensemble parfait.* Puis, d'un tour de bras, enveloppant tout le périmètre de la piste : *Combien de minutes croyez-vous qu'il faut, monsieur, pour parcourir un kilomètre, avec ces douze obstacles?*

Je me récusai humblement, car, à vrai dire, je n'avais aucune pratique de ces marches à travers des obstacles difficiles. *Cinq minutes, avec armes et bagages. Et il faut le faire en cinq minutes, avant d'être envoyé au corps comme moniteur de gymnastique.*

Il avait un faible pour les marches, et il en parlait avec passion : « *Est-ce que vous avez lu les* Mémoires sur l'art de la guerre *du comte de Saxe? — Non. — Monsieur, lisez-les.* »

Telles furent les dernières paroles sur lesquelles nous nous quittâmes à la station de Joinville-le-Pont. A peine rentré à Turin je me procurai le livre du célèbre général Maurice de Saxe où j'ai copié les paroles suivantes : *C'est une chose nécessaire que l'exercice ou maniement des armes pour dégager le soldat et le rendre adroit, mais on ne doit pas y mettre toute son attention. C'est même, de toutes les parties de la guerre, celle à laquelle il en faut mettre le moins.*

Le principal de l'exercice sont les jambes et non pas les bras; c'est dans les jambes qu'est tout le secret des manœuvres des combats et c'est aux jambes qu'il faut s'appliquer. Quiconque fait autrement est un ignorant et n'en est pas seulement aux éléments de ce qu'on appelle le métier de la guerre [1].

Je ne sais quelle est l'opinion des officiers de

1. MAURICE COMTE DE SAXE, *Mémoires sur l'art de la guerre.* Dresde, 1757, p. 34.

notre armée sur la gymnastique. J'ai cherché dans la *Rivista Militare* si l'on n'y avait pas traité cette question. Mais je n'y ai trouvé qu'un article sur la gymnastique publié par M. Stella en 1879.

Dans mon court voyage en France, il m'a paru que les officiers y avaient une idée très différente de la nôtre sur la direction à donner à la gymnastique. Je me rappelle ce que me disait le commandant Bonnal, un des officiers les plus instruits que j'aie connus : « Que *les jeunes gens sachent marcher quand ils arrivent au corps, et nous nous chargerons d'en faire rapidement des soldats* ».

VII

En France, malgré la supériorité scientifique des hommes qui se sont mis à la tête du mouvement pour la réforme de la gymnastique, le progrès a été moins rapide qu'en Allemagne. Les raisons sont d'ordre différent. Ce qui, plus que tout, nuit à la gymnastique française, c'est son orientation par trop militaire. Les moniteurs de gymnastique sortent presque tous de l'école de Vincennes, et c'est un grand inconvénient parce que l'éducation physique finit par tomber presque exclusivement entre les mains d'ex-militaires et de personnes d'une culture insuffisante.

La gymnastique militaire qui sert pour les soldats est appliquée à la jeunesse. On fait exécuter par des enfants des exercices destinés à l'homme adulte. Voilà la grave erreur.

La prédominance du militarisme en France peut seule nous expliquer la contradiction qui existe entre les *Travaux de la commission de gymnastique* et le manuel des exercices gymnastiques et des jeux pour l'école rédigé par cette même commission [1].

Le rapport adressé au ministre de l'instruction publique, par M. Marey, est un modèle du genre. Les propositions présentées à la commission par M. Demeny et le rapport de M. Lagrange sur la gymnastique dans les écoles primaires sont des travaux d'une importance capitale, dignes de la méditation de tous ceux qui

---

1. *Manuel d'exercices gymnastiques scolaires*. Paris, Imprimerie nationale, 1891.

se consacrent à l'éducation physique. M. Marey est le plus grand parmi les physiologistes qui jusqu'aujourd'hui se sont occupé des mouvements et de la gymnastique. Aussi je crois de mon devoir de citer quelques passages de son rapport [1].

« Même au point de vue militaire, la gymnastique naturelle est une préparation directe aux applications spéciales.

« Malheureusement les nécessités budgétaires condamnent trop souvent les municipalités à entasser les élèves en des préaux étroits, où l'on cherche, au moyen d'agrès de toutes sortes, à remplacer les exercices de gymnastique naturelle. C'est là que filles et garçons s'exercent aux barres parallèles, se suspendent au trapèze, exécutent au commandement des mouvements rythmés et monotones, le plus souvent sans entrain ni bonne volonté.

« Quelques enfants robustes, avides d'activité physique, se contentent de ce pis aller, suivent avec ardeur la leçon de gymnastique, et y

1. *Mémoires et documents scolaires publiés par le musée pédagogique. Travaux de la commission de gymnastique.* Fascicule n° 77. Paris, Imprimerie nationale, 1889.

deviennent plus forts et plus agiles. Mais les faibles, ne trouvant pas au gymnase un attrait suffisant pour surmonter leur répugnance instinctive au mouvement, éludent les difficultés des exercices et n'en tirent aucun profit.

« Il se fait aujourd'hui dans l'enseignement secondaire une réaction contre cet état de choses. Des hommes éminents ont pris à cœur de rendre la gymnastique attrayante et utile en la ramenant à son ancienne forme et en revenant à ces jeux où la force et l'adresse ont une part égale, où la gaîté et l'émulation entraînent et passionnent les plus inertes.

« Si l'espace manque dans le collège, qu'on aille le chercher ailleurs, parfois au loin, dans la campagne. Quelques séances de jeux en plein air, chaque semaine, seront plus profitables que la fréquentation quotidienne du gymnase.

« La difficulté principale consistera dans le choix judicieux des jeux et des exercices les plus favorables au développement physique des élèves. »

De ce rapport de M. Marey, il ressort clairement quel sera l'avenir de la gymnastique scientifique. Il a tracé le programme des recherches futures et des perfectionnements que peuvent apporter les physiologistes à l'éducation physique. Quant à nous, il ne nous reste qu'à suivre la voie tracée par notre maître.

VIII

Le ministre de l'instruction publique von Gautsch, en Autriche, donnait déjà l'ordre en 1890, dans une circulaire [1] adressée aux directeurs d'écoles, de prendre les mesures nécessaires afin de procurer aux élèves toutes facilités pour apprendre la natation en été et le patinage en hiver. On invitait même les maîtres à s'intéresser aux jeux et à chercher à demeurer en contact avec les élèves autant qu'il était possible, en dehors des classes; on fixa des subsides pour les maîtres qui désiraient faire des voyages à l'étranger afin d'apprendre les jeux; et on leur imposa l'obligation de rédiger chaque année un

1. Leo Buergerstein, *Beitrag zur Durchführung der K. Ministerialerlasses die leibliche Kräftigung der Schuljugend betreffend (Zeitschrift f. d. Realschulwesen,* XVI. Jahrg.), 1891.

rapport sur les progrès de l'éducation physique de leurs classes, le directeur étant tenu de contrôler ces rapports.

La ville de Gœrlitz est un centre important pour la propagation des jeux en Allemagne. Le livre sur *les jeux de la jeunesse*, du docteur Eitner [1], directeur du gymnase de Gœrlitz, est un ouvrage précieux, dont sept éditions ont été imprimées en deux ans.

Espérons que l'Italie voudra aussi se mettre en mouvement et ne pas se mettre à la remorque des autres pays. Puisque notre gouvernement ne fait rien, il serait utile que les communes prissent elles-mêmes l'initiative. S'il n'est pas possible de donner un gymnase de récréation à chaque école, il n'est pas difficile d'obtenir ou de louer des terrains dans les environs des villes, de disposer des parcs pour les jeux des enfants et d'y conduire tous les jours les élèves, en répartissant l'emploi du temps de manière que plusieurs écoles puissent profiter des mêmes terrains pour leurs jeux. Le dimanche, on devrait concéder ces terrains au peuple avec

1. Dr EITNER, *Die Jugendspiele*. Leipzig, 1891.

jouissance gratuite. Pendant les vacances d'automne, on les laisserait ouverts pour les élèves des écoles. Actuellement, la gymnastique cesse dès que les vacances commencent.

La société moderne prépare de tristes jours aux déshérités de la fortune et aux fils des ouvriers. Le terrain libre devient de plus en plus exigu, et l'air sain plus cher. Les villes modernes sont comme des monstres qui grandissent dans des conditions pathologiques où le cerveau et les muscles qui sont les bureaux et les ateliers, étouffent les organes de la respiration qui sont les places et les jardins.

Il faut que la démocratie s'occupe de ce problème, fasse de la propagande en faveur des jeux pour les enfants et pour le peuple, et empêche que le peu d'espace libre qui reste encore dans les cités ne se vende pour construire encore plus d'édifices et de maisons lesquels rendent toujours plus mauvais l'air des villes empestées par la fumée et les émanations des usines.

Les riches peuvent aller à la campagne, à la mer, dans les montagnes, pour respirer l'air pur, quand l'existence dans les villes devient plus oppressive. Mais le pauvre est obligé d'y rester. Il serait juste que les prolétaires, les ouvriers, les employés et les gens des classes moyennes, qui forment les fractions les plus nombreuses des populations urbaines, puissent avoir un peu d'espace pour jouer avec leurs enfants.

La vigueur de l'organisme est la résultante de beaucoup de fonctions. La peau, les poumons, le cœur, le système nerveux et les organes digestifs sont certainement plus importants que les muscles. Aussi, dans l'éducation physique ne doit-on pas donner une importance prédominante à l'exercice des muscles. Les marches au soleil, le patinage, les bains, la natation, la course et tout ce qui a pour effet de nous fatiguer et de consumer lentement notre organisme, de le reconstituer dans des conditions atmosphériques plus favorables, dans un milieu qui stimule l'activité de la vie : telles sont les bases de la vraie et bonne gymnastique.

Voilà aujourd'hui quel est le problème de l'éducation physique, et chacun en comprend l'importance. La gymnastique, comme on la pratique actuellement dans les écoles, ne sait donner ni vigueur, ni robustesse aux jeunes gens et il faut que nous la réformions. C'est un apostolat et une mission digne de tout homme de cœur, de vouloir égayer la jeunesse et réveiller sa vigueur.

C'est un sentiment de civisme et de patriotisme qui doit nous inspirer dans la réforme de la gymnastique.

CIRCULAIRE *du ministre de l'instruction publique de Prusse, Gustave von Gossler, pour favoriser les exercices et les jeux gymnastiques au grand air, les courses en général, dans les établissements d'instruction secondaire* [1].

Berlin, le 27 octobre 1882.

La gymnastique étant considérée comme une partie intégrante de l'instruction des jeunes gens, autant dans les écoles supérieures qu'inférieures, et la faculté d'y prendre part ayant été, pour les jeunes gens possédant l'aptitude requise, remplacée par l'obligation, les préoccupations de l'État et des communes se sont portées sur l'acquisition et l'aménagement de locaux fermés

---

1. Pendant les travaux de la commission pour l'éducation physique dont il faisait partie, le sénateur Pecile présenta, toute traduite, cette circulaire qui, communiquée à la *Nuova Rassegna*, vu sa grande importance, fut reproduite dans plusieurs journaux italiens.

où l'on pût trouver moyen de s'exercer à la gymnastique scolaire d'une manière continue et régulière, sans souci du retour des saisons et sans interruption pour cause d'intempéries.

Ce fut là une conquête inappréciable pour l'éducation de la jeunesse ; car on obtint l'assurance d'une éducation physique rendant fort et robuste, dès que l'on put continuer les exercices gymnastiques pendant tout le courant de l'année.

Les espaces à l'air libre ne sont cependant pas moins recommandables pour les exercices gymnastiques. Beaucoup d'exercices comme le saut à la perche, le javelot et la plus grande partie des jeux basés sur l'émulation, ne peuvent avoir lieu dans les gymnases, sans restrictions ou sans danger. Il faut, en outre, bien se pénétrer que les exercices en plein air ont une influence très favorable sur la santé.

Au moyen des champs de jeux, la jeunesse a à sa disposition un espace où elle apprend à faire usage de sa liberté en plein air et où néanmoins elle n'est retenue que par les règles du jeu.

Le fait que cette animation de l'existence juvénile ravive et ramène la gaîté du premier âge et l'entretient pour l'avenir, a une grande signification au point de vue de l'éducation.

On doit offrir à la jeunesse l'occasion d'acquérir la force et l'adresse plus efficacement et d'une manière plus libre qu'elle ne le peut faire dans les gymnases clos ; la mettre à même de jouir de l'émulation suscitée par les défis et les gageures qui trouvent leur place dans tout jeu bien dirigé.

Il est difficile d'imaginer un moyen aussi bien approprié que celui-là à reposer de la fatigue intellectuelle, à raviver le corps et l'esprit, à les rendre aptes et dispos à de nouveaux travaux, à préserver d'une maturité précoce contraire à la nature, et du penchant à la mollesse; et là où ces phénomènes déplorables sont déjà intervenus, à opérer avec succès la régénération des jeunes existences ainsi débilitées.

Le jeu, à partir de l'âge le plus tendre, conserve à la jeunesse la désinvolture et la gaîté qui lui conviennent si bien, enseigne et entretient la sociabilité, fait naître et raffermit le goût de la vie active et rend l'homme apte à remplir complètement les devoirs et les buts de la vie.

Dans la seconde partie de son livre, *L'art de la gymnastique et des jeux*, Jahn touche juste quand il dit : « Par eux se produit une émulation sociable enjouée et pleine de vie. Le travail s'unit au plaisir, le sérieux à la gaîté. La jeunesse y apprend, dès les premières années, à en user envers autrui sur le pied des mêmes droits et des mêmes devoirs réciproques. Dans le jeu, le caractère, l'attitude, l'adresse se présentent aux regards en un tableau vivant. Vivre avec ses semblables est pour l'homme le berceau de sa grandeur. »

Tout individu s'abandonne facilement à la

solitude, si le jeu ne le conduit à la sociabilité. L'individu, sans le jeu, n'a même pas un miroir pour se reconnaître lui-même dans son véritable être. Il n'a aucune mesure vivante pour apprécier l'augmentation de ses propres forces, aucune balance pour peser sa valeur personnelle, aucune école pour sa volonté, et aucune occasion de décisions spontanées ou d'actes de vigueur.

Par le jeu, la tendance à developper ses connaissances et son habileté se trouve renforcée dans presque toutes les vocations.

L'idée, l'habitude et malheureusement aussi la possibilité de vivre avec la jeunesse et de lui accorder le temps et l'espace pour jouer, sont allées en décroissant, dans les familles, en raison directe de l'exiguïté du temps laissé pour la satisfaction de ces exigences. C'est un motif qui accroît d'autant le devoir incombant à l'école, de se charger d'une mission d'éducation que nul, en dehors d'elle, n'assume ni ne peut assumer. L'école doit se préoccuper des jeux comme d'une manifestation de l'activité juvénile, également salutaire pour le corps, l'esprit, le cœur et les sentiments, apte à produire une augmentation de force corporelle et d'adresse et à influer favorablement sur le moral. L'école devra y pourvoir, non par intermittences mais systématiquement et avec méthode.

L'administration scolaire est depuis longtemps convaincue de cette nécessité et a même arrêté des dispositions à cet égard. Je vous renvoie aux décrets ministériels des 26 mars, 10 septembre, 24 novembre 1860, et 15 mars 1869. Malheureusement ces ordonnances ne trouvèrent pas une faveur correspondant à l'importance et à l'utilité du sujet, par suite des observations qui furent soulevées dans quelques établissements scolaires, à un point de vue général ou particulier.

A la vérité, un certain nombre d'établissements d'instruction et d'éducation ont maintenu en vigueur les jeux traditionnels de la jeunesse. Et dans certains milieux, la pratique et la coutume les ont fermement conservés. Dans d'autres, en revanche, ils font totalement défaut, et ce n'est que rarement qu'on y trouve les éléments nécessaires pour les faire revivre.

En tout cas, on n'a pas pourvu d'une manière générale à leur introduction ou à leur conservation. Une nouvelle stimulation est devenue nécessaire, autant qu'un effort constant de tous ceux qui s'occupent de l'éducation de la jeunesse, afin de conserver ce qui existe et de remettre en vigueur ce qui est reconnu salutaire.

Il est à peine besoin de rappeler qu'il s'agit uniquement des jeux de mouvement à l'exclusion de ce qui ne s'y rapporte pas. Nous ne manquons pas de ressources pour nous orienter sur ce terrain. En prenant pour point de départ ce qui existait dans le peuple et parmi la jeunesse, Guts Muths et Jahn ont décrit une série de jeux et d'exercices gymnastiques [1]. D'autres auteurs les ont suivis.

Vu la grande variété des jeux indiqués, il convient de faire un choix, et il est essentiel d'avoir égard à ce qui est d'actualité et populaire. C'est ainsi qu'il faut prendre en considération les divers jeux à la balle (Treibball, Fussball, Schlagball, Kreisball, Thorball [2]) ainsi que les jeux à la course, spécialement le jeu de barres et les luttes (Hinkkampf, Kettenreissen [3]), les jeux de chasse et de guerre, les jeux de fronde avec billes, sphères et toquets.

Les indications sur l'organisation des jeux, qui se trouvent dans quelques fascicules de la *Revue mensuelle pour la gymnastique* publiée par le professeur Dr Euler et Gilbert Eckler, (Berlin, 1892) sont dignes d'attention.

Si, après cela, j'insiste auprès des autorités scolaires pour qu'elles veillent à l'introduction et au développement des jeux dans les établissements scolaires soumis à leur surveillance et

---

1. S. Guts Muths, *Spiele zur Uebung und Erholung des Körpers und des Geistes.* Publié par Schettler, 5e édition, Hof, 1796. — Jahn, *Die deutsche Turnkunst*, Berlin, 1816; *Der neue Leitfaden für den Turnunterricht in den preussischen Volksschulen*, 2e édition, Berlin, 1868; *Dieters Merkbüchlein für Turner*; édité par le Dr Angerstein, 7e édition, Halle, 1875; *Revensteins Volksturnbuch*, 3e édition, Francfort, 1876. — Jacobs, *Deutschland's spielende Jugend*, 2e édition, Leipzig, 1875.

2. Balle à la paume, football, ballon au poing, balle chevalière, balle au mur.

3. Joute à cloche-pied, l'épervier.

qu'elles prennent le temps, dans leurs tournées, de porter leur attention sur la gymnastique et particulièrement sur les jeux en s'y attachant avec le plus d'intérêt, si j'insiste, je n'en conviens pas moins des difficultés qui s'opposent à l'application générale de ces principes.

On pourra réussir plus facilement dans les écoles supérieures, car pour la plupart elles ont à leur disposition des terrains pour la gymnastique et les jeux et il suffit d'aviser à ce qu'elles utilisent les moyens dont elles disposent. Il en sera de même pour les établissements supérieurs quand ils auront à leur disposition un champ de jeux.

C'est seulement lorsqu'il s'agit de créer de nouveaux établissements que l'on peut se heurter à des difficultés, surtout si l'on se pénètre de l'idée que le terrain doit être autant que possible voisin du gymnase. Ce voisinage permet de rattacher les exercices gymnastiques proprement dits aux jeux, et de faire alterner opportunément le travail avec la récréation. Là où ce voisinage existe déjà entre le gymnase et le champ de jeux, on devra s'y tenir. Lorsqu'il sera nécessaire de faire de nouvelles dépenses pour le gymnase, on devra réserver les frais d'un champ pour jeux gymniques.

Parmi les prescriptions de la circulaire du 4 juin 1862, il est exigé, entre autres, qu'un champ d'exercices suffisant soit réservé aux enfants obligés de fréquenter les écoles populaires. Cette exigence se justifie d'autant plus dans les établissements supérieurs, s'ils ont un gymnase à leur disposition, lorsqu'on réfléchit au surcroît d'occupations intellectuelles auxquelles les jeunes gens sont astreints.

Il en résulte pour les autorités chargées de l'inspection, l'obligation de veiller à ce qu'il soit satisfait le plus tôt possible à ce besoin.

Si l'on ne peut avoir le gymnase à proximité du champ de jeux, il conviendra de l'établir à la plus petite distance possible.

L'aménagement d'un champ de jeux n'entraînera pas à une grande dépense, puisque l'installation, dans ce cas, ne doit servir principalement qu'aux jeux gymniques.

J'ai confiance dans les efforts des autorités, dans l'intérêt efficace des directeurs, dans le bon vouloir des communes, dans la coopération des associations instituées en vue de veiller au bien-être de la jeunesse scolaire. J'ai confiance dans le bienveillant esprit de sacrifice de tous les amis de la jeunesse, pour que l'on réussisse à vaincre les obstacles qui s'opposent à la création d'un grand nombre de ces institutions si utiles au développement physique et intellectuel de la jeunesse.

Et ici, je ne veux pas manquer de recommander une sollicitude de plus en plus grande à apporter aux jeux, concurremment avec les promenades en commun, avec les excursions dans la campagne et dans les forêts et avec les marches gymnastiques [1]. Pour vous instruire sur ce sujet, je vous recommande l'ouvrage du D[r] Th. Bach [2], ainsi que les articles de C. Fleischmann dans le journal de gymnastique allemand de 1880, sous le titre *Guide pour les marches gymnastiques*, pour ce qui touche aux exercices scolaires.

Dans le décret ministériel du 10 septembre 1860, on indique également, outre les jeux gymniques, la natation et le patinage. En le rappelant, je vous ferai remarquer que l'établissement supérieur de gymnastique pour l'enseignement de la natation est déjà en plein fonctionnement depuis plusieurs années, et il décerne annuellement des diplômes à un certain nombre d'élèves qui, à leur tour, sont à même de donner cet enseignement. Lorsqu'il a été possible de le faire, on a créé près des séminaaires pédagogiques des écoles de natation, dans l'intérêt de la santé des élèves, et en vue de répandre de plus en plus cet exercice et cette aptitude précieuse, spécialement pour la santé et pour l'existence [3].

Dans les institutions particulières d'éducation, ces exercices ont déjà lieu. Dans les écoles publiques on ne peut ordonner leur introduction immédiate d'une manière générale.

---

1. Rescrit ministériel du 10 septembre 1860 (*Bulletin central*, 1860, p. 519).

2. *Ausflüge Turnmärsche und Schulreisen.* Leipzig, 1887.

3. Circulaire ministérielle, 23 juin 1873 (*Bulletin central*, 1873, p. 476).

Mais j'ai l'espoir que leurs directeurs et maîtres sauront employer leur influence à vaincre les préjugés existants contre ces jeux comme contre d'autres exercices physiques, lesquels préjugés continuent à se manifester de différents côtés.

La conviction que l'activité et la vigueur physique accroissent la force et la vivacité du travail intellectuel n'est malheureusement pas encore assez répandue. On n'entendrait pas proférer certaines plaintes contre le surmenage intellectuel de la jeunesse, si cette vérité était mieux sentie et écoutée. Aussi, à l'école et dans les familles, tous ceux qui ont la vocation et le devoir de coopérer à l'éducation de la jeunesse devraient-ils toujours rechercher et ménager des emplacements pour ces exercices dans lesquels le corps et l'esprit trouvent une source de force et une récréation. Le bénéfice qui en résultera ne profitera pas seulement à la jeunesse mais aussi à tout notre peuple et à notre patrie.

Le ministre de l'instruction publique,
VON GOSSLER.

CHAPITRE VI

CRITIQUE DE LA GYMNASTIQUE ALLEMANDE

I

Dans son livre sur l'éducation [1], Spencer dit que la gymnastique est un exercice artificiel qui ne saurait suppléer à l'exercice spontané des jeux.

Pour plus d'exactitude je le citerai textuellement : « Que la gymnastique vaille mieux que rien, nous l'admettons; mais que ce soit un équivalent du jeu, nous le nions formellement.

1. HERBERT SPENCER, *De l'éducation intellectuelle, morale et physique*; traduit de l'anglais. Bibliothèque de philosophie contemporaine, Félix Alcan, 10° édition, Paris, 1894.

« Les inconvénients en sont à la fois positifs et négatifs. En premier lieu, ces mouvements réglés, nécessairement moins divers que ceux qui résultent des exercices libres, n'assurent pas une répartition égale d'activité entre toutes les parties du corps; d'où il résulte que, l'exercice tombant sur une partie seulement du système musculaire, la fatigue arrive plus tôt qu'elle n'arriverait sans cela; — ce qui, par parenthèse, conduit, si l'on persiste dans ces exercices, à un développement, hors de la proportion voulue, des parties du corps entre elles.

« Puis, non seulement la somme de l'exercice pris est inégalement distribuée, mais cet exercice n'étant pas accompagné de plaisir est moins salutaire, même quand il n'ennuie point les élèves à titre de leçon. Ces mouvements monotones deviennent fatigants, faute du stimulant de l'amusement. On se sert, il est vrai, de l'émulation en guise de stimulant, mais ce n'est point là un stimulant continuel comme celui du plaisir qui se mêle aux jeux variés. La plus forte objection restera encore à faire. Outre que la gymnastique est inférieure au libre jeu comme *quantité* d'exercice musculaire, elle lui est encore plus inférieure sous le rapport de la *qualité* de cet exercice. Cette absence comparative de plaisir, qui fait qu'on abandonne vite les exercices artificiels, fait aussi qu'ils ne produisent que des effets médiocres sur le système. Une excitation cérébrale accompagnée de plaisir a sur le corps une influence hautement fortifiante. »

Ce jugement sur la gymnastique que Spencer émettait, il y a trente ans, dans son ouvrage sur *l'éducation intellectuelle, morale et physique,* démontre que l'opposition faite à la gymnastique allemande n'est ni nouvelle ni dépourvue de fondement.

La gymnastique a été inventée pour remédier au défaut de mouvement. Elle n'est point une méthode d'éducation basée sur la physiologie et la nature, mais un moyen artificiel pour remédier aux inconvénients de la vie sédentaire. Et nous n'avons pas le droit d'imposer l'art, là où la nature suffit et peut triompher par elle-même.

Si je puis me servir d'une comparaison approximative, pour rendre ma pensée plus claire, je dirai que la gymnastique allemande n'est pas un aliment approprié à l'éducation physique, mais un médicament que l'on donne dans les écoles pour épuiser l'énergie cérébrale, en vue de réduire au minimum le temps qui devrait être consacré au développement du corps. Or, si l'on peut appliquer un remède dans des circonstances exceptionnelles, on ne saurait en faire un aliment, une nourriture normale. On peut guérir parfois par les médicaments ; en vivre, jamais.

Leo Burgerstein [1] dit, dans son livre sur l'hygiène scolaire : *L'heure de la gymnastique est la plus fastidieuse des heures de l'école. Le meilleur des maîtres ne peut modifier cet état de choses !*

Après avoir imprimé ces paroles en caractères espacés pour les faire mieux ressortir, Burgerstein raconte qu'en Autriche il y a trente élèves par classe. Le professeur devant, au gymnase, faire d'abord la démonstration des exercices, les élèves, en passant aux appareils à tour de rôle, travaillent en moyenne chacun deux minutes par heure.

La gymnastique pratiquée dans ces conditions n'est ni un délassement ni un exercice corporel,

1. L. Burgerstein, *Die Gesundheitspflege in der Mittelschule.* Vienne, 1887, p. 62.

dit le Dr Burgerstein, c'est une heure d'école perdue en grande partie — et la moins intéressante.

Zehender [1] qui, dès 1882, imprima un grand développement aux jeux dans les écoles de Rostock, s'est prononcé dans le même sens. Gutzfeld [2] et bien d'autres ont également démontré la nécessité d'introduire les jeux dans les écoles.

II

Pour juger la gymnastique, il faut remonter à ses origines psychologiques et apprécier les raisons d'ordre humain qui l'ont conduite à un résultat plutôt qu'à un autre. Je crois que l'amour-propre des maîtres, ainsi que leur satisfaction, n'ont pas laissé d'avoir une grande influence. L'art pour l'art comme on dit.

La constatation, que l'on pouvait faire exécuter isolément tous les mouvements dont les muscles sont capables, a sans doute stimulé les

1. W. von Zehender, *Vorträge über Schulgesundheitspflege*, p. 47. Stuttgart, 1891.
2. Paul Gutzfeld, *Ueber die Erziehung der deutschen Jugend* (*Deutsche Rundschau*, 1890, livraison 5, p. 254).

esprits qui virent alors la possibilité de donner à ces mouvements une appellation technique, de formuler des règles, d'imaginer des méthodes pour faire mouvoir l'une après l'autre toutes les parties du squelette, et de trouver des dénominations aux exercices les plus disparates.

C'est ainsi qu'on est arrivé à composer des traités de gymnastique formant des volumes de mille pages, et des ouvrages de nomenclatures où les exercices de gymnastique sont classés suivant les règles de la méthode scientifique.

On y décrit d'abord les mouvements les plus simples, puis d'autres plus compliqués, ainsi que les mouvements correspondants aux membres. Ensuite, on expose des catégories de mouvements divisés en autant de genres qu'il y a d'engins employés. Puis intervient une subdivision en variétés, qui renferme d'autres exercices classés suivant un mode progressif. Les mouvements d'ensemble, en rangs, les combinaisons de mouvements, tout un fatras de termes et de commandements qu'il faut apprendre par cœur, constituent finalement le jargon technique de la gymnastique, sa prétendue théorie.

8.

Un autre stimulant a été cette espèce d'exaltation que nous éprouvons tous en présence des exercices militaires, à la vue des déploiements, des évolutions rendues plus poétiques et plus émouvantes parce qu'elles sont exécutées par des enfants. A cela s'ajoutent la soif du commandement, de la symétrie, la satisfaction qu'éprouvent les connaisseurs à découvrir quelque petite irrégularité dans la manœuvre et dans les positions, y eût-il même cent gamins alignés. Cela est évidemment beau comme spectacle. Mais ce n'est certainement point un amusement pour les écoliers condamnés au silence et à l'immobilité et qui, pendant que le professeur rectifie les mouvements irréguliers des camarades, doivent se tenir les bras tendus ou les jambes écartées, jusqu'à ce que les fourmillements ou la crampe les gagnent.

« La gymnastique, disait Leopardi, fut une perfidie de la vieillesse à l'encontre de la jeunesse. »

III

Il en est arrivé de la gymnastique comme de tant d'autres choses qui ayant eu les plus humbles débuts vont se compliquant toujours de plus en plus.

Le traité de gymnastique de Clias imprimé en 1819 ne contient que 207 exercices. Le manuel d'éducation gymnastique selon la méthode de R. Obermann, publié aux frais du gouvernement en 1875, contient 1642 commandements. C'est dire combien rapidement les termes techniques et les mouvements gymnastiques se sont multipliés. Cela me paraît, d'ailleurs, naturel et logique. Étant donnée la tendance actuelle de la gymnastique à devenir une institution autonome, on devait fatalement trouver le moyen de la rendre toujours plus difficile, d'en dresser la théorie et d'en enfler les programmes.

Conformément à la manière de voir qui prévaut de nos jours, le maître de gymnastique doit être un véritable professeur. En effet, j'ai vu certains d'entre eux se tenir dans le gymnase,

et faire leur cours sans se déganter et sans se
débarrasser de leur pardessus. Ce sont de vrais
professeurs qui dédaignent de toucher les agrès,
de sauter ou de courir et qui se font donner un
coup de main par quelque gamin pour enseigner
la gymnastique pratique aux élèves. Ils croient,
de bonne foi, qu'il est plus noble et plus utile,
pour démontrer l'importance scientifique de la
gymnastique, de parler du sphygmographe, du
thoracomètre, etc., etc.! « Ils emploient une
notable partie de l'année scolaire à des expériences avec le manomètre et le spiromètre »
(ce sont les termes d'un rapport officiel sur l'enseignement de la gymnastique en Italie).

D'autres aiment mieux faire leur bonne petite
classe sur le *pentatlon*, sur les naumachies, sur
les jeux de l'ancienne Rome, sur la chevalerie au
moyen âge, etc., etc. Et, de cette façon, nous tra-
vaillons inconsciemment à rendre la gymnastique inutile.

Au lieu de nous appliquer à l'exercice des
muscles ; nous aggravons le surmenage cérébral.

Pour que la gymnastique devienne populaire,
il faut que nous changions de direction, que nous
accoutumions les jeunes gens à l'exercice libre

des jeux. Et la gymnastique ne doit être qu'un complément de l'éducation physique. Mais il se passera des années avant que l'on voie crouler tout l'édifice actuel des règlements et des traités de gymnastique, et que l'on pourvoie à l'éducation physique d'une manière plus efficace et plus pratique. Jusque-là nous pourrons dire de la gymnastique ce que Méphistophélès disait à son étudiant!

> Dann lehret man euch manchen Tag,
> Dass, was ihr sonst auf Einem Schlag
> Getrieben, wie Essen und Trinken frei
> Eins! Zwei! Drei dazu nöthig sei [1].

IV

Les erreurs en vogue au sujet de la gymnastique sont nombreuses et véritablement singulières. Dans la préface d'un livre de gymnastique imprimé en Italie, on lit l'éloge malencontreux suivant : « Une demi-heure d'exercice de

---

1. « Et puis, on vous enseignera à maintes reprises que ce que vous aviez fait jusqu'ici spontanément sans autres façons, comme manger et boire, doit procéder par *primo, secundo* et *tertio*. » (*Faust* de Gœthe).

cette gymnastique équivaut à quatre ou cinq heures de marche. Quel immense profit pour l'existence dans les villes où l'on n'a jamais l'exercice du corps nécessaire. »

Mais malheureusement la gymnastique n'a pas pour objet la culture intensive de la jeunesse et ne suffit pas à la rendre robuste. La première règle de la physiologie est de suivre les lois de la nature et d'accorder à l'organisme le temps nécessaire pour se développer. Le mouvement demande à être gradué : les efforts impétueux ne servent à rien.

Je comprends qu'un homme d'affaires ou d'étude qui ne peut absolument pas se soustraire aux sujétions incessantes de son bureau fasse de la gymnastique en chambre. Mais, là même, il faut être prudent. J'ai connu un professeur de Berne qui, en se livrant à la gymnastique de chambre, trouva moyen de se blesser et de se rompre des vaisseaux sanguins, se mettant ainsi en danger de mort. Les efforts excessifs font toujours du mal à quiconque n'est pas bien disposé et robuste.

Le développement de la gymnastique a répandu un autre préjugé, à savoir qu'on la suppose propice au repos du cerveau, et équivalente à un remède au surmenage intellectuel. Dans mon livre sur la fatigue, j'ai déjà démontré que, dans le travail mental, les muscles se fatiguent parfaitement. Je ne reviendrai pas sur ce sujet, car je suis convaincu que j'ai donné la preuve scientifique que la gymnastique n'est pas un repos, mais bien une fatigue du cerveau. Dans le calcul des heures d'école, la gymnastique doit être considérée comme un enseignement et non comme un repos.

Il est difficile, si l'on n'a pas pris la peine de visiter un grand nombre de gymnases, de s'imaginer à quels excès a conduit l'erreur dont les masses sont actuellement imbues : la croyance que la gymnastique est une méthode d'éducation physique intensive et économique.

En Italie, au lieu de trouver dans les écoles, de grandes cours aérées, des emplacements ombragés, des hangars spacieux, on voit dans les cas les plus fréquents, que ce que l'on décore du nom de gymnase n'est qu'une grande chambre, un corridor, une allée ou un magasin. J'en ai vu qui ressemblaient à des prisons; en y entrant on sentait le renfermé et une odeur ressemblant à celle d'un vieux dictionnaire crasseux, puis un froid à gagner des rhumatismes ou une pneumonie au moindre mouvement.

A Milan — ne serait-ce que pour rappeler le nom d'une ville si méritante dans le domaine de l'instruction populaire, et qui a appliqué en deux lustres cinq millions à l'amélioration de ses écoles primaires — à Milan, dis-je, il y a des gymnases qui font bien voir la situation et la considération dans lesquelles est tenue la gymnastique. J'ai vu dans la rue Sant'Orsola un gymnase d'école communale, destiné aux exercices de 800 enfants, ayant neuf pas de large sur dix-huit de long. C'est une grande pièce basse où le sol est couvert de mousse et où les murs sont blancs de nitre. Dans un angle, se trouve un poêle destiné à la conservation du gymnase, car si on ne l'allumait pas de temps à autre, les appareils y pourriraient par l'humidité.

Voilà où nous a conduits la méthode intensive d'éducation physique par la gymnastique allemande.

V

La gymnastique allemande tend à localiser la fatigue dans quelques groupes de muscles, ce qui est un défaut grave. La fatigue générale, comme on l'obtient dans les jeux libres, dans les marches, le canotage, la lutte et la natation, est certainement plus utile à l'organisme et est physiologiquement la véritable fatigue à laquelle nous devons nous habituer pour devenir robustes.

Quiconque a fait de la gymnastique aux barres parallèles, aux anneaux, à la barre fixe, se sera aperçu de la sensation de dislocation, de meurtrissure, d'engourdissement qui se manifeste ensuite dans certains muscles. Dans la gymnastique avec appareils, on interrompt l'exercice avant de jouir du bénéfice de la fatigue.

Cette idée de la fatigue générale et des moyens les plus efficaces pour l'obtenir dans des conditions hygiéniques, devrait, à mon sens, être le principe dominant dans l'organisation de la gymnastique.

Sans doute, tous les maîtres de gymnastique

savent que l'exercice aux barres parallèles, à la barre et autres appareils fixes, en localisant la contraction dans les épaules, produit rapidement une sensation d'épuisement qui s'étend jusqu'à la région lombaire. C'est précisément pour cela que, dans les gymnases, on est obligé d'alterner les exercices des jambes avec ceux des bras. Mais il est vrai aussi qu'actuellement, dans la gymnastique, on ne donne pas la préférence aux exercices du corps qui produisent la fatigue plus lentement.

L'erreur de croire que la gymnastique est une méthode intensive d'éducation physique, fait négliger les exercices de plus longue haleine dans lesquels, par un travail gradué de tous les muscles ou tout au moins des plus importants, on peut habituer progressivement l'organisme à résister aux poisons de la fatigue.

Quant à moi, je ne crains pas d'affirmer que le but suprême de la gymnastique doit être de rendre robuste, d'habituer les organes internes, le système nerveux et le cœur aux poisons de la fatigue, c'est-à-dire aux produits de la destruction plus rapide de notre corps par l'effet du travail.

Dans la réforme de la gymnastique, il faut que nous donnions un plus grand développement à l'exercice des jambes, que nous accoutumions plus soigneusement toute la jeunesse à la course et aux marches, que nous nous efforcions d'augmenter par des exercices appropriés l'acuité de la vue.

Pour montrer quel est mon idéal en gymnastique, combien il diffère de celui de nos écoles, et combien nos appareils byzantins sont impropres à former de bons soldats, je voudrais inscrire sur les gymnases la devise qu'on lisait déjà en 1500 sur le fronton d'un gymnase de jeux à Paris : *bon pied, bon œil.*

La civilisation a créé un milieu artificiel qui relâche les fibres de l'individu. Les conditions de la vie moderne dans les villes sont tellement différentes de celles de la vie naturelle, que peu à peu la force et la résistance aux intempéries diminuent. Il faut nous rappeler que certaines incommodités de la vie sauvage sont des éléments nécessaires dans l'éducation physique de la jeunesse. C'est pour cela que nous devons toujours fixer nos regards sur les paysans, pour apprendre à connaître l'influence des agents extérieurs et du travail au grand air et au soleil qui les rend plus aptes à supporter les efforts et les fatigues de la vie militaire.

Le général Barattieri m'a fait l'honneur de me communiquer quelques observations intéressantes faites sur les indigènes de la colonie d'Érythrée.

Avant d'enrôler les Abyssins, on leur fait exécuter une marche forcée telle que peu de nos soldats y résisteraient. Ils partent en armes, de Ghinda et, arrivés à l'Asmara, ils sont tenus de retourner à Ghinda après un court repos. En six heures, ils arrivent à l'Asmara, en moins de temps ils retournent à Ghinda, parcourant environ 80 kilomètres avec une différence d'altitude de 1500 mètres, à travers de très mauvais sentiers. Malgré cela, ils sont, au terme de cette marche, presque tout aussi dispos que s'ils n'avaient fait qu'une promenade d'agrément.

Les Abyssins qui nous sont si supérieurs en vitesse et en longueur de marches s'y habituent, dès l'enfance, par une espèce de jeu à la balle qu'ils appellent *karsa*. Le médecin aide-major Rainone, du 3ᵉ bataillon indigène, dit, en parlant de sa troupe aguerrie qui venait d'exécuter des marches prodigieuses : « Quand on amène ces Ascaris dans un gymnase, les escouades désignées pour le saut sont les plus contentes et sont véritablement admirables. Celles qui sont désignées pour les barres parallèles et la barre fixe font sincèrement pitié. » Ces paroles du Dr Rainone sont de nature à nous rappeler que la force des bras et celle des jambes peuvent être indépendantes l'une de l'autre.

Pour faire de la bonne gymnastique il faut spécialiser les exercices. Le travail excessif des bras diminue notre aptitude aux marches.

VI

Les contractions tétaniques, limitées aux muscles qui ne sont pas habitués à se contracter avec énergie, laissent de très longues traces de fatigue. Il suffit de rappeler la douleur accablante que nous éprouvons dans les jambes après une rapide descente dans les excursions en montagne, pour comprendre la nature des phénomènes auxquels je fais allusion. Beaucoup de gens préfèrent la montée à la descente dans les excursions alpines, et cependant personne ne doute que le travail ne soit plus grand pour la montée que pour la descente. Mais c'est précisément parce que l'ascension est lente et parce que nous y employons les muscles les plus puissants que nous pouvons résister plus longtemps. Les effets de la fatigue sont plus manifestes et disparaissent plus rapidement. La descente représente la gymnastique aux appareils; la montée, l'exercice naturel des muscles poussé jusqu'à la fatigue.

Dans les gymnases, les appareils fixes ont deux inconvénients. Le premier est que la direction de la résistance qu'ils opposent est constante; le second est que la valeur de cette résistance est également constante.

Dans tous les exercices de suspension et d'appui, la résistance à vaincre est toujours le poids de notre corps. Mais nous savons que les muscles n'ont pas la même force chez toutes les personnes. La disproportion entre l'effort et la fatigue que coûte le même exercice est, pour ce motif, très grande chez des individus différents, et on ne parvient pas à effectuer certains exercices de gymnastique malgré toute la force de la volonté.

J'ai déjà étudié dans mon livre sur la fatigue les changements qui affectent les muscles par suite du travail, et j'exprimai l'opinion que la physiologie du muscle fatigué est une physiologie tout à fait différente de celle du muscle au repos.

Récemment, le professeur Kronecker a démontré que la contraction maxima est différente de la contraction ordinaire et plus nuisible au muscle. Nous devons donc nous rappeler, quand nous produisons un effort, que plus nous le prolongeons, plus le muscle se trouve dans des conditions difficiles pour continuer le travail et pour se rétablir ultérieurement.

Le docteur Maggiora, dans une série d'expériences faites dans mon laboratoire, avait déjà démontré que le travail effectué par un muscle à l'état de fatigue lui est beaucoup plus préjudiciable que le même travail exécuté par le muscle après le repos.

Pour ce motif, on ne doit pas, dans la gymnastique, insister à l'excès sur les exercices de suspension et d'appui, car les effets physiologiques des contractions, les changements qui surviennent dans la circulation sanguine et lymphatique du muscle sont plus efficaces pour sa nutrition, lorsque ces muscles ne restent pas longtemps contractés.

VII

Les physiologistes sont tous d'accord pour considérer la suppression des barres parallèles comme une des réformes les plus urgentes pour donner une direction naturelle à l'éducation physique. Le plus grand nombre des professeurs de gymnastique croit, par contre, que la suppression des barres parallèles porterait un coup mortel à la gymnastique.

Voyons en peu de mots les causes de ces dissidences. L'ardeur que nous apportons, nous autres physiologistes, à combattre ces appareils s'explique par le fait que les parallèles sont presque le symbole de la gymnastique allemande.

Aux raisons scientifiques s'associent en moi les souvenirs de jeunesse. La première fois que je dus les pratiquer, c'était au gymnase. Les parallèles étaient plantées juste dans le carrelage d'un long corridor humide exposé au nord, avec de petites fenêtres sous la voûte, où jamais ne pénétra un rayon de soleil. C'était un ancien couvent de mon pays où la municipalité, pour se mettre en règle avec la loi qui rendait la gymnastique obligatoire, avait fait planter dans le vestibule du gymnase deux paires de parallèles, l'une pour les grands et l'autre pour les petits. Les séminaristes avaient la partie la plus belle, la plus ensoleillée du couvent, avec de grandes cours où ils jouaient à la balle et couraient joyeux, tandis que nous, nous étions silencieux, nous ennuyant sous le commandement d'un ex-bersaglier.

J'ai su plus tard, que les barres parallèles avaient été inventées en même temps que la barre fixe, au commencement du siècle, et que la barre et les parallèles sont le symbole et l'incarnation de la gymnastique allemande.

Cependant, dans la vie, il n'arrive jamais de faire des mouvements comme ceux que l'on exécute sur les parallèles. En aucun lieu, en aucune circonstance, on ne trouve jamais deux points d'appui entre lesquels on ait à soutenir le poids de son corps à bras tendus ou pliés, et à faire de la voltige, des dislocations et des

9.

renversements. Cette seule observation est plus que suffisante pour exclure les parallèles du nombre des appareils de la gymnastique physiologique rationnelle. Car pourquoi imposer aux enfants des mouvements fatigants si, après tout, ils ne sont pas appelés à se servir de ces mouvements dans la lutte pour l'existence! Mais ce n'est pas là le seul inconvénient des parallèles. Lorsque dans un gymnase on observe une équipe de jeunes gens autour des parallèles, on voit tout de suite que tous ne sont pas capables de soutenir le poids de leur corps à bras tendus et la tête haute. Beaucoup de jeunes gens ont les muscles trop faibles pour cet exercice; ils résistent un peu, puis les muscles tremblent, les épaules se relèvent et la force fait défaut.

Les plus faibles fléchissent le coude au bout de quelques minutes et, mettant l'avant-bras sur les parallèles, supportent ainsi le poids du corps avec moins de fatigue. Ce qu'il y a de disgracieux dans les exercices aux barres parallèles, c'est la posture peu élégante qu'y prennent la plupart des élèves. Le professeur de gymnastique a beau crier, les omoplates sont chassées en hauteur par les bras tendus; la tête et le cou disparaissent entre les épaules. Je n'ai jamais vu plus de deux ou trois paires de parallèles dans un gymnase; et c'est même un inconvénient que peu d'élèves seulement puissent s'exercer simultanément. Je dirai dans la suite les autres motifs qui me font condamner les parallèles. En attendant, je crois de mon devoir de physiologiste d'affirmer que les exercices aux barres parallèles ne sont ni pratiques, ni gracieux, ni hygiéniques.

Entre tous les appareils, c'est celui qui a le plus contribué à dénaturer la gymnastique d'enseignement et qui a le plus forcé le développement de la gymnastique athlétique. Dans l'histoire de l'éducation physique, les parallèles représentent la période du rococo.

Pour s'en convaincre il suffit de lire le manuel de gymnastique pédagogique d'Obermann où, au chapitre XVIII, relatif aux parallèles fixes, il décrit 54 positions d'appui, 358 changements de positions, 22 exercices élémentaires, 25 dislocations, 192 voltiges.

Voilà donc 650 commandements qu'un brave maître de gymnastique peut faire exécuter à ses élèves entre deux barres parallèles. Voilà la mesure de la prolixité où en est arrivée la gymnastique et du développement qu'a pris l'acrobatisme. Sans parallèles il n'y aura plus de conconcours de gymnastique, sans parallèles il n'y aura plus 650 commandements; et voilà la vraie raison pour laquelle pas mal de professeurs de gymnastique montrent les dents dès que l'on cherche à faire comprendre aux profanes que les parallèles sont un instrument antinaturel.

VIII

Paulo Fambri, l'écrivain sympathique et brillant qui traite avec une égale originalité les sujets artistiques et la science, est un adversaire formidable des appareils. Pour nous, physiologistes, c'est une chance d'avoir comme allié un athlète de sa force et un tireur à l'épée qui a peu de rivaux.

Un jour, dans un cercle d'amis où l'on parlait de la barre fixe et des anneaux, il nous convainquit tous de l'inutilité de ces appareils, par ces simples mots : « Que diriez-vous d'un professeur d'escrime qui enseignerait des bottes et des parades qui ne se présentent jamais? »

C'est ainsi qu'il en est en réalité. Les parallèles nous enseignent des mouvements que nous ne ferons jamais. Dans la lutte pour l'existence il n'arrivera jamais à quelqu'un de trouver hors du gymnase et des cirques, quelque obstacle que ce soit à surmonter, ressemblant aux parallèles ou aux anneaux.

En France, on a aboli ces appareils depuis 1890 et on leur a substitué une table mobile qu'on peut fixer au mur à des hauteurs variables, comme un appui de fenêtre très saillant et large. Sur cette table ou plate-forme, comme ils l'appellent, les Français font maintenant tous les mouvements de suspension, d'appui, d'ascension et de descente.

Dans nos gymnases on pourrait fixer des pierres à des hauteurs variables, comme des rebords de fenêtres, ou des saillies en forme de bossage et d'architraves et habituer les jeunes gens à grimper et à faire des rétablissements. Ce serait un exercice utile déjà pour faire disparaître chez beaucoup de jeunes gens, le sens paralysant du vertige. Faute de mieux, un mur suffirait pour habituer les jeunes gens à le gravir à l'escalade.

On aurait ainsi l'avantage de donner une plus grande force aux phalanges des doigts dans l'acte de s'accrocher par les mains pour soulever le poids du corps. La main qui empoigne les anneaux, le trapèze ou la barre fixe, les aborde et travaille d'une façon autre que lorsque l'homme est appelé à s'accrocher à quelque objet en dehors du gymnase.

IX

Lagrange est, entre tous les physiologistes, celui qui a combattu avec le plus de succès l'usage des appareils qui obligent l'homme à abandonner le sol et à supporter le poids du corps avec les bras.

C'est lui qui disait avec humour que la gymnastique actuelle ramenait l'homme à son état primitif, quand il vivait sur les arbres. C'est lui qui a donné à la gymnastique allemande le titre de *gymnastique des singes*. Et il n'y aurait pas grand mal à cela si, anatomiquement, nous différions moins des singes.

On a dit que le caractère anatomique différentiel entre l'homme et le singe est dans le cerveau. Dans un de mes écrits *sur l'éducation physique de la femme* [1] j'ai démontré qu'un caractère non moins important, est la forme du bassin. J'ajouterai qu'une distinction des plus caractéristiques entre l'homme et les animaux est dans le siège qu'aucun animal ne possède aussi développé et aussi lourd. Cela est dû au fait que nous marchons sur deux pieds et que la masse musculaire qui forme les fesses est destinée à la déambulation. Les singes ont les muscles des parties postérieures beaucoup plus grêles et plus légers : cela ne les empêche pas de se servir de leurs pieds en guise de mains, pour s'accrocher et soulever leur corps. Et comme si cela ne suffisait pas, la nature leur a fourni une queue préhensible qui les aide dans ces mouvements. Cela nous montre que, même pour les singes, ce n'est pas un exercice si simple ni si inoffensif que celui de soulever le poids de leur

1. Milan, Fratelli Trèves, p. 1.

propre corps par la seule force des bras, puisque la nature fait intervenir les extrémités inférieures ainsi que la queue pour atteindre commodément ce but.

Une des plus graves erreurs de la gymnastique a été de ne tenir aucun compte des conditions naturelles et des lois mécaniques de la physiologie. Nous devons continuellement étudier dans la nature comment les problèmes du mouvement ont été résolus chez les animaux, par voie de sélection, et suivre la nature en nous conformant aux exemples qu'elle nous présente.

Le fait que tout le monde ne réussit pas à soulever son propre corps au moyen des bras et à élever la tête au-dessus des mains quand le corps y est suspendu, prouve que ce n'est pas chose naturelle pour l'homme que de soulever le poids du corps par le seul moyen des bras, comme nous le faisons au trapèze, à la barre fixe et aux anneaux.

Les singes ont dans les bras une grande supériorité sur nous, en dehors de l'usage qu'ils font de leurs jambes et de leur queue, car au moyen de leurs muscles ils font mouvoir des os plus longs qui font l'office de leviers. Quiconque a vu un chimpanzé ou un orang-outang, doit se rappeler que lorsque ces singes se tiennent debout, leurs bras descendent jusqu'à terre, tandis que chez l'homme les doigts arrivent juste au milieu de la cuisse.

Il y a donc une différence essentielle entre l'homme et le singe. Nous avons les bras plus courts et l'arrière-train plus lourd. Les singes, pour soulever un poids inférieur se servent de bras plus longs, de la queue, et utilisent les pieds à la rescousse des mains. Nous autres, pour soulever le poids de notre corps aux appareils, nous nous servons exclusivement des bras. Dans la nature, nous n'avons pas d'exemples d'efforts aussi prolongés que ceux que requièrent les exercices de suspension et d'appui de la gymnastique allemande.

CHAPITRE VII

LA GYMNASTIQUE ATHLÉTIQUE

I

J'ai demandé à l'un des plus célèbres médecins
d'Italie ce qu'il pensait de la gymnastique. Il
me répondit que plusieurs des meilleurs gymnastes qu'il avait connus étaient morts phtisiques. Cela équivaut à dire que la vigueur et la
force sont deux choses distinctes.

Galien, qui fut le plus grand physiologiste de
l'antiquité, a traité ce sujet dans son œuvre, il y
a déjà plus de seize siècles.

1. GALENI *Ars tuendae sanitatis num ad medicinalem artem
spectet an ad exercitatoriam.*

Alors qu'il était médecin de l'école des gladiateurs, et spécialement à Rome où il fut le médecin le plus illustre de la fin du IIe siècle, Galien eut l'occasion de faire des observations sur la gymnastique athlétique, comme nul ne saurait plus le faire aujourd'hui.

Dans un paragraphe, en parlant des maladies des athlètes, et pour démontrer que le grand développement des muscles obtenu par l'exercice permanent ne constitue pas un indice de santé, Galien dit : *Gymnastica ad sanitatem periculosa est*.

Il doit sembler étrange à qui n'est pas médecin qu'un athlète avec les apparences d'extrême robustesse que lui donne le grand développement du système musculaire, ne soit pas, pour cela, plus sain que d'autres, et que l'excès même de sa force soit une cause de faiblesse. Tout médecin connaît des centaines de personnes plus agiles et plus fortes que lui-même, ainsi que des acrobates, des gymnasiarques renommés, avec lesquels il ne changerait ni ses poumons, ni son appareil digestif, ni aucun autre organe de son corps.

On nous la baille belle, dira quelque lecteur;

il ne nous manquait plus, après avoir entendu prôner la gymnastique, que de voir autant déblatérer contre elle. — Entendons-nous! Je ne dis pas que l'on doive supprimer la gymnastique; je désire en faire la critique au point de vue physiologique, dans l'espoir de hâter son évolution vers une méthode plus naturelle et plus efficace d'exercices du corps.

La gymnastique à laquelle se livraient les citoyens de Rome n'était pas militaire, mais simplement civile et récréative. Nous en avons de nombreuses preuves dans les écrivains latins. Dans une lettre à Calvisius, Pline le Jeune dit qu'il veut prendre modèle sur le vieux Spirinna qui faisait l'admiration de tout le monde à cause de sa vigueur. Il raconte les interminables promenades que celui-ci faisait tous les jours, comment il s'en allait tout nu, au soleil, avant de prendre son bain, et il rappelle sa passion pour le jeu de balle [1].

Dans les épigrammes de Martial nous trouvons ce portrait comique d'un adulateur qui, après avoir pris son bain, courait aux thermes

---

1. *Deinde movetur pila vehementer et diu* (liv. III, lettre 1).

pour ramasser les balles et les rapporter aux joueurs riches et puissants, espérant en obtenir quelque faveur, Martial nous rappelle encore dans un vers célèbre, que, de son temps, tout le monde, jeunes et vieux, jouait à la balle :

Folle decet pueros ludere, folle senes.

Follis est un gros ballon rempli d'air.

Que les Romains n'aient eu aucune passion pour la gymnastique athlétique ou histrionique, comme Mercurial l'appelle, cela se peut aussi déduire du fait que les athlètes étaient, en majeure partie, des étrangers. On les admirait, on les payait, on les applaudissait dans les thermes et dans les cirques, mais on ne les tenait pas en honneur. Nous avons à Rome des monuments qui nous font voir ces types comme s'ils étaient vivants. La statue en bronze du musée des Thermes, qui fut trouvée dans la via Nazionale, représente une figure caractéristique d'athlète. Quiconque l'a vue n'oubliera jamais la face stupide et brutale de ce pugiliste. La statue est peut-être une des plus belles qui aient été mises au

1. Liv. XII.

jour de notre temps. Elle est de grandeur naturelle et exécutée avec une telle exactitude de détails qu'on la suppose être le portrait même d'un pugiliste célèbre, lequel se fit représenter au moment où il sortait vainqueur de la lutte. Ainsi, comme un homme au repos, il avance les deux avant-bras sur les cuisses et a le torse légèrement incliné. Ce qui lui donne l'aspect barbare, c'est la grande dimension des mâchoires. Le visage est un peu tuméfié d'un côté. Les oreilles sont lacérées, les cheveux collés par le sang dont on voit les gouttes sur les différentes parties du corps.

Cependant, entre tous les monuments de la Rome antique, celui qui éclaire de la façon la plus vivace l'histoire de la gymnastique athlétique, est la mosaïque placée à l'étage supérieur du musée de Latran. Elle formait le carrelage des exèdres orientale et occidentale des thermes de Caracalla. Les fragments trouvés furent rajustés de façon à former ce grand tableau. L'exécution anatomique, tout en exagérant les saillies des muscles, est parfaite dans ses plus petits détails. On croit que ces figures sont les portraits de célèbres gymnasiarques de l'époque.

Mais il est évident au premier aspect que ce sont des personnages exotiques, car ils ont dans la physionomie je ne sais quoi de bestial. L'encolure est raccourcie par le grand développement qu'ont pris les muscles des épaules et du cou, et spécialement le deltoïde et le trapèze. Les bras et les jambes sont en état de légère flexion. Là aussi, l'artiste a représenté fidèlement l'état de demi-contraction que l'on remarque dans les muscles de ceux qui exercent à outrance certaines parties du corps, comme nous le voyons parmi les acrobates travaillant au trapèze et chez les lutteurs célèbres.

L'ensemble des personnages représente une école athlétique. Des jeunes gens imberbes sont là, prêts à la course; d'autres tiennent le disque en main; d'autres encore, l'œil féroce, attendent le moment de la lutte, les jambes solidement campées; d'aucuns ont les bras enveloppés du *caestus* ou la paume de la main ouverte en signe de défi. On voit tout autour les objets qui servaient d'ornements dans les écoles athlétiques, emblèmes, couronnes, palmes.

II

Par l'exercice, la force musculaire augmente rapidement et de façon continue. Quiconque n'étant pas physiologiste et médecin, étudie les effets de la gymnastique, peut être induit en erreur en croyant que cette rapide évolution des muscles est accompagnée d'effets identiques sur les autres organes du corps. Je citerai sur l'entraînement quelques expériences du Dr Manca, faites dans mon laboratoire.

Lui, ou l'un de ses amis, prenait en mains deux haltères du poids de 5 kilos chacune. Il se plaçait devant une pendule battant la minute et la seconde, et commençait à soulever ces haltères par un mouvement des bras en l'air. A la seconde suivante, il revenait au point de départ en rabattant les bras. A la troisième seconde, il étendait de nouveau ses bras en l'air. Il répétait ainsi les mouvements consistant à soulever les haltères toutes les deux secondes, jusqu'à ce qu'il se sentît fatigué au point de ne plus pouvoir continuer sur le même rythme.

Un aide placé derrière lui inscrivait chaque

jour le nombre de fois que les haltères avaient été soulevées avant l'épuisement des forces. Il ne faisait cet exercice qu'une fois par jour. Mais comme il le continua pendant des semaines et des mois, on constata que ses forces augmentaient journellement avec une surprenante régularité. C'est ainsi que dans ses expériences, le Dr Manca poussa graduellement le nombre de soulèvements des haltères, de 28 qu'il accomplissait en moyenne dans la première semaine, à 95, moyenne de la neuvième semaine d'exercices [1].

Deux raisons expliquent cette progression continuelle et régulière. La première, c'est que les muscles s'accoutument graduellement à un travail plus intense, la seconde, c'est qu'ils modifient peu à peu leur structure et augmentent de volume. Sur cet accroissement des muscles nous avons également poursuivi des recherches dans mon laboratoire. Le professeur Aducco photographia avec une grande exactitude les bras et le torse de cinq étudiants. Il mesura de même, avec précision, leur tour de poitrine et

____

1. G. Manca, *Archives italiennes de biologie*, t. XVII, p. 389.

de bras. Ceux-ci commencèrent à s'exercer tous les jours au trapèze et aux barres parallèles et on leur fit poursuivre cette gymnastique pendant quelques mois, afin d'établir la progression de l'accroissement qui était déjà visible au bout de quatre semaines dans les muscles des épaules, du thorax et des bras.

Le problème est très complexe. Nous devenons plus forts par la pratique de la gymnastique parce que, comme je l'ai déjà expliqué dans mon livre sur la fatigue, nous nous habituons aux produits de la fatigue et aux poisons qui sont sécrétés pendant le travail des muscles (s'il m'est permis de me servir de ce terme). Mais nous devenons plus forts aussi parce que les muscles excités par l'exercice se dilatent et augmentent de volume. Les recherches que nous effectuons actuellement tendent à scinder ces deux facteurs. Mais, en attendant, il est facile de remarquer que par l'exercice nous devenons plus forts, avant que le grossissement des muscles ne devienne apparent. Nous atteignons dans l'entraînement un maximum d'intensité et nous ne nous maintenons qu'un instant à ce point culminant de la force physique.

Mais alors même que les muscles sont revenus à leur volume primitif par suite de repos prolongé, même pendant des mois, l'effet utile de l'exercice subsiste encore.

III

Du temps où j'étais médecin militaire, j'ai pu me convaincre que les hommes les mieux musclés n'étaient pas toujours ceux qui résistaient le mieux aux fatigues de la vie militaire et aux causes d'infection.

Le professeur Birch Hirschfeld a fait remarquer, en effet, que la prédominance du système musculaire chez les athlètes tient à l'état de tension de tous les autres organes qui, pour nourrir les muscles et pourvoir à leur action motrice, finissent par s'épuiser facilement et par être plus sensibles aux éléments morbifiques.

Examinons rapidement ce problème. Nous en retirerons la conviction que le développement rapide des muscles obtenu par la gymnastique athlétique n'est point par lui-même une condition essentielle de vigueur, et que nous avons à distinguer, dans leur fonctionnement, entre leur aptitude à produire un effort maximum et celle à fournir une longue série de contractions ordinaires sans trop se fatiguer.

Lorsque nous parlerons des principes dont doit s'inspirer la gymnastique en vue des exigences de la vie militaire, nous verrons mieux que la chose la plus nécessaire n'est pas l'intensité des efforts, mais la résistance à la fatigue du port du sac et des marches.

La gymnastique allemande ne tient pas compte de cette nécessité de préparer les muscles à une longue résistance au travail. Elle cherche seulement à produire de grands efforts, le maximum d'effort possible, mais elle ne procure pas à l'individu l'aptitude à poursuivre le travail et à y résister d'une manière soutenue.

L'augmentation de volume que subissent les muscles par l'exercice s'impose tellement aux yeux de tout le monde, que les médecins et les gymnastes ont estimé avoir par ce fait entre les mains un moyen supérieurement efficace pour reconstituer l'organisme. Afin de convaincre le lecteur que des muscles de volume médiocre peuvent fournir un aussi grand tra-

vail et mieux fonctionner que des muscles plus
volumineux, je citerai les jambes des Abyssins.

Tous les officiers qui ont été dans les compagnies de soldats indigènes dans l'Érythrée,
vantent la prodigieuse rapidité et la résistance
dont les Abyssins font preuve dans les marches,
la facilité avec laquelle ils gravissent les montées
et les collines et apparaissent en un moment là
où nos soldats n'arrivent que tout doucement et
exténués. Or les Abyssins et les Arabes sont
connus pour la gracilité de leurs jambes.

D'aucuns avaient supposé que les races inférieures marchent mieux que nous parce qu'elles
ont le calcanéum plus allongé; il présenterait
ainsi une insertion plus favorable aux muscles
qui soulèvent le corps. (Ce sont ceux qui forment
le mollet et qui, par le tendon d'Achille, vont
s'insérer sur le calcanéum.) D'autres disaient
que les Abyssins et les Arabes ont ces muscles
moins charnus mais plus longs. Dans une série
de recherches que j'ai faites de concert avec le
docteur Patrizi, à l'époque où une délégation
d'Abyssins et d'Arabes passa par Turin, j'ai pu
voir qu'aucune de ces suppositions n'était vraie.
C'est pourquoi je continue à croire que, même

10.

en restant grêle, un muscle peut acquérir l'aptitude à résister au travail mieux et plus qu'un muscle de volume supérieur.

J'ai vu sur les Alpes des guides renommés dont les muscles des jambes étaient moins développés que ceux d'aucuns de mes compagnons qui se fatiguaient facilement dans les marches.

L'effort des muscles est une chose absolument différente de leur travail physiologique. Et même le travail des contractions musculaires suit telle ou telle loi selon que les contractions sont extrêmes ou qu'elles sont simplement d'intensité moyenne. L'effort excite plus la fonction formatrice du muscle que le travail normal. L'effort est un phénomène ultra-physiologique et presque morbide qui excite le muscle et provoque le gonflement et la multiplication des fibres musculaires. Pour me faire comprendre par un exemple, je rappellerai les callosités des mains et des pieds. La pression continue sur une partie de la peau excite dans ses couches l'action formatrice, ce qui la rend plus épaisse et plus dure. Lorsque la pression cesse, les callosités disparaissent; de même les muscles s'affinent lorsque l'exercice vient à discontinuer.

Cet accroissement des muscles ne modifie cependant pas les conditions générales de la santé. Le fait même de l'apparition et de la disparition du développement des muscles, selon l'existence ou le défaut d'exercice, prouve qu'il s'agit d'un phénomène local qui n'est pas fondamental pour la vie même.

On voit, par l'exemple du cœur, que les contractions physiologiques des muscles n'ont pas grand effet sur la nutrition des muscles eux-mêmes ni sur leur développement. C'est, de tous les muscles de notre corps, le plus fort et celui qui travaille le plus. Le cœur est le premier à se mouvoir lorsque nous sommes encore à l'état d'embryon, c'est le dernier à se reposer, à la mort. Si le volume des muscles croissait continuellement par suite de l'exercice, cet organe s'étendrait au point de ne plus pouvoir fonctionner.

La preuve que l'accroissement du volume des muscles est dû non pas aux contractions physiologiques mais bien à l'effort, c'est que, lorsqu'une maladie resserre la lumière des valvules du cœur, et que, par suite, le sang ne peut plus les franchir dans la systole, le volume du cœur se met à augmenter progressivement; il se déclare alors une hypertrophie du muscle cardiaque, connue sous le nom de cœur de bœuf en raison des dimensions qu'il acquiert.

La contraction des muscles n'augmente pas leur volume tant qu'elle reste physiologique. On le voit par les muscles de la respiration par le diaphragme et par les muscles intercostaux, lesquels sont très grêles bien qu'ils fonctionnent en permanence pendant toute la vie. On peut donc affirmer que, dans la gymnastique, ce qui fait augmenter leur volume ce n'est pas l'excitation physiologique de la contraction, mais celle de l'effort qui est une irritation ultra-physiologique. La dilatation des muscles par l'effet de la gymnastique athlétique est une hypertrophie et un phénomène presque pathologique. En exagérant ainsi, je voudrais donner une forme plus claire à l'idée que la grosseur extrême d'un muscle est chose absolument distincte de son aptitude à fournir pendant une longue période une grande somme de travail mécanique.

Que la section d'un muscle soit plus grande, cela peut lui permettre de soulever un plus grand poids, mais non de soulever un poids moyen un plus grand nombre de fois. Souvent le développement prédominant des muscles du bras peut être préjudiciable dans les conditions ordinaires de la vie. Nous verrons plus loin que les maîtres de gymnastique sont ceux qui résistent le moins aux marches et aux fatigues de la vie militaire.

IV

Lorsque nous analysons un mouvement gymnastique, notre esprit doit se porter :

1° Sur le cerveau et sur la moelle épinière où le mouvement nerveux qui fait contracter les muscles prend son origine ;

2° Sur les muscles qui transforment l'énergie chimique en travail mécanique ;

3° Sur les déchets provenant de la destruction d'une partie du système nerveux et des muscles, par suite de l'exécution du travail mécanique.

L'entraînement consiste dans l'aptitude que nous acquérons à obtenir de la contraction des muscles un effet plus grand, au moyen de l'exercice, et dans l'habitude que contracte lentement le système nerveux d'être moins sensible aux perturbations causées dans l'organisme par les déchets et les souillures du sang, produits de la fatigue. Un autre facteur important est l'augmentation de volume des muscles, par suite de l'exercice, qui les rend plus aptes à soulever des poids plus forts.

Sachant déjà que lorsque l'exercice vient à cesser, les muscles reviennent peu à peu à leur volume primitif, et que les effets de l'entraînement cessent également, je me suis demandé quel est celui de ces effets — résistance supérieure à la fatigue ou plus grand volume des muscles — qui persistait le plus longtemps.

Pour donner un exemple de ces recherches sur la physiologie de la gymnastique, je citerai une des expériences faites par le professeur Aducco.

Nous avions installé dans le laboratoire quelques agrès de gymnastique, afin d'être plus facilement à portée des appareils physiologiques servant à l'étude de l'homme en exercice. Après s'être élancé pour empoigner la barre du trapèze, le professeur Aducco effectuait la manœuvre de plier les bras, et de soulever le poids de son corps pour porter son menton à la hauteur de la barre. Chaque rétablissement durait environ cinq secondes. Ensuite il laissait descendre le corps jusqu'à tension complète des bras. Immédiatement après il s'élevait de nouveau.

Quand il débuta, le professeur Aducco accomplissait 11 et 12 de ces rétablissements avant que la fatigue ne l'empêchât de continuer. Il progressa de jour en jour jusqu'à 21 et 22. Entre temps les muscles des bras se développaient graduellement. Au bout d'une année de repos, ils étaient revenus au volume primitif; mais lorsqu'il procéda à une nouvelle série d'exercices d'entraînement il arriva du premier coup à 14 rétablissements. J'espère trouver bientôt d'autres personnes ayant autant de bonne volonté que le professeur Aducco, pour continuer ces études. Pour l'instant il appert de cette première tentative que l'effet de l'exercice sur le système nerveux, l'effet interne, si je puis m'exprimer ainsi, dure plus longtemps que l'effet périphérique ou musculaire.

Je crois que la gymnastique devrait éviter les

efforts qui sont des excitations morbides et s'appliquer avant tout à agir intérieurement sur le système nerveux, en l'habituant à influer peu à peu sur les muscles, de façon à obtenir l'effet utile maximum avec la plus minime dépense d'énergie. La gymnastique scientifique ne doit pas se laisser séduire par le développement des muscles réalisé au moyen des exercices athlétiques.

Les efforts engendrent l'hypertrophie, mais ce résultat est foncièrement différent de la résistance au travail, la plus précieuse qualité des muscles dans la vie ordinaire. Enfin, en faisant en sorte que les périodes d'inaction ne soient pas trop longues, nous devons, par l'exercice, conserver à l'organisme cette tolérance pour les poisons et les déchets de la fatigue qui est une des conditions essentielles pour produire un travail de longue haleine.

V

L'augmentation du périmètre de la cage thoracique est un des effets les plus notables de la gymnastique. Des recherches ont été faites sur ce sujet par MM. Abel Chassagne et Dally [1], Marey, Hillairet, Démeny [2] et autres. On peut dire en général que, sur 100 personnes pratiquant la gymnastique pendant cinq mois, 76 présenteront une augmentation de circonférence thoracique, 16 accuseront un tour de poitrine inférieur et que les autres ne seront ni améliorées ni empirées. Ces chiffres suffisent à démontrer que l'importance des appareils, tels que parallèles, barre fixe, trapèze, anneaux, haltères, a été bien exagérée lorsqu'on prétendait qu'ils ont pour effet de développer les muscles qui prennent leur insertion sur la

1. A. CHASSAGNE ET E. DALLY, *Influence précise de la gymnastique sur le développement de la poitrine, des muscles et de la force de l'homme*, Paris, 1881, p. 15.
2. DÉMENY, *Recherches sur la forme du thorax et sur le mécanisme de la respiration chez les sujets entraînés aux exercices musculaires* (*Archives de physiologie*, 1889, p. 587).

cavité thoracique, et que ce résultat est utile pour faciliter la respiration ordinaire.

L'augmentation de la circonférence thoracique n'est pas, à elle seule, en effet, capable d'améliorer les conditions de l'organisme. Hormis les affections aiguës et chroniques des poumons et les difformités graves de la colonne vertébrale, jamais aucun médecin n'a trouvé une maladie, un état de malaise ou de faiblesse produits par l'insuffisance de l'air respiré. Les organes doubles comme les poumons, les reins, les hémisphères cérébraux, etc., peuvent se compenser entre eux, et même une seule moitié est suffisante pour vivre. Si on ne peut l'affirmer d'une manière absolue ni dire que cela soit vrai pour tout le monde, j'ai néanmoins démontré, dans un travail sur la respiration, que nous inspirons tous beaucoup plus d'air qu'il n'est besoin, et j'ai désigné la quantité d'air que nous aspirons habituellement au delà du nécessaire sous le nom de *respiration de luxe*[1]. Les recherches du docteur Roblot ont démontré d'ailleurs que, même par l'exercice des marches, on obtient

1. A. Mosso, *La respiration périodique et la respiration de luxe*. (R. Accademia dei Lincei, 1885.)

une dilatation de la cavité thoracique et, par suite, une augmentation de faculté vitale.

Mais je n'ai pas le loisir maintenant, de m'arrêter à ces détails. En admettant même que la dilatation du thorax soit un des objectifs physiologiques de la gymnastique, la réforme des programmes officiels n'en serait pas moins nécessaire, car avec la méthode de la gymnastique suédoise ce résultat s'obtient mieux que par la gymnastique actuellement en vigueur dans les écoles. Voici l'opinion de M. Démeny sur cette question [1] :

Les mouvements suédois ont toujours pour effet de raccourcir les muscles du dos et d'allonger ceux qui resserrent la poitrine. On peut remarquer que c'est en général le contraire que nous faisons dans notre système de gymnastique aux appareils.

Dans les appareils à grimper, dans les rétablissements aux barres fixes, trapèzes, anneaux, c'est l'étreinte des bras qui prédomine constamment, ce sont les muscles antérieurs de la poitrine qui se raccourcissent, ce sont des muscles

1. G. Démeny, *L'éducation physique en Suède*, Paris, 1892, p. 45.

du dos qui s'allongent. Voilà pourquoi on ne trouve pas en général, chez nos gymnastes, cette belle attitude des jeunes filles qui nous a frappés pendant notre séjour en Suède.

VI

Nous avons bien étudié les modifications qui se produisent dans le cœur pendant les efforts musculaires des exercices au trapèze et aux parallèles. Les troubles du rythme des battements cardiaques sont des plus évidents. Dans le cours d'un effort musculaire prolongé, le sang ne circule pas bien. Nous nous en apercevons en voyant le gonflement des veines du cou, la congestion du visage, et la teinte violacée que prend la peau. La raison en est que nous ne pouvons pas concentrer l'action nerveuse sur un seul groupe de muscles, quand il s'agit de produire un effort intense. Les muscles du corps, spécialement ceux du thorax, se contractent presque tous, nous rendons la circulation veineuse difficile, nous nous sentons exténués et nous sommes obligés d'interrompre l'effort, plus à cause du trouble de la circulation et de la respiration que de l'épuisement de la force des muscles.

Les contractions musculaires prolongées, telles qu'elles se présentent souvent dans la gymnastique aux appareils, ont en physiologie un nom spécial. Elles sont dites *tétaniques*. Tout le monde sait, d'ailleurs, que le tétanos est précisément une maladie caractérisée par des contractions longues et violentes. Le cœur ne bat plus régulièrement pendant les efforts intenses, et l'irrégularité persiste même quelques minutes après qu'on a quitté les appareils de gymnastique.

Je citerai un exemple. Le professeur Aducco, dans les rétablissements sur les parallèles, répétait l'exercice du passage de la position des bras tendus à celle des bras repliés. Après une minute ou deux de ces mouvements, il se produisait de petites taches sur la peau des bras, telles de petites ecchymoses ou des pétéchies de teinte bleuâtre comme en produirait un sang légèrement asphyxique qui resterait accumulé par le ralentissement de la circulation veineuse. Les petites taches duraient parfois jusqu'à cinq minutes après cessation des exercices sur les parallèles, surtout les premiers jours. Dès que le professeur Aducco fut un peu entraîné, ce trouble dans la circulation superficielle devint moins évident et les petites taches se dissipèrent plus tôt.

La différence énorme qui existe entre divers sujets, quant à l'aptitude aux exercices gymnastiques, se voit de suite lorsque, entrant pour la première fois dans un gymnase, on observe les dislocations auxquelles les enfants d'une même classe se livrent successivement sur la barre fixe. L'opération très simple de soulever le poids de notre corps par les bras montre combien nous différons les uns des autres dès notre naissance; c'est au point que les uns ne réussissent pas à grimper alors que les autres se promènent sur les arbres comme des chats. Avec la gymnastique, on corrige un peu ces inégalités de développement des muscles, on peut les rendre plus aptes au travail. Mais dès que l'exercice est abandonné, les muscles tendent à reprendre leur force et leurs proportions primitives. C'est comme si, après nous être élevés par l'exercice au-dessus des limites caractéristiques originelles de la race, nous retournions par l'inaction au type spécifique qui marque la rétrogradation résultant de l'inertie.

Ces différences que nous apportons en naissant ne dépendent pas des conditions de la vie sociale, car elles existent, également fortes, même chez les animaux.

Mullendorf a remarqué [1] que les oiseaux d'une même espèce présentent des différences dans le poids relatif des muscles pectoraux, même à l'état sauvage. Les oiseaux domestiques qui volent peu ont les muscles pectoraux moins développés que les oiseaux libres de la même espèce. Tout le monde sait, d'ailleurs, que les forgerons ont de gros bras : aussi quelques médecins dissuadent-ils la pratique de l'escrime, en tant qu'exercice gymnastique, pour ne pas apporter de perturbation dans la symétrie des épaules; l'épaule droite en effet s'élève et grossit. Les médecins constatent que lorsqu'un homme devient boiteux, la jambe qui doit supporter seule le poids du corps prend un développement rapide et anormal.

Dans *le Banquet*, au chapitre II, paragr. 17,

---

1. MÜLLENDORF, *Pflüger's Archiv*, XXXV, p. 560, 1885.

Xénophon raconte que Socrate parlant de la gymnastique disait :

« Riez-vous de ce que je veux, en me donnant de l'exercice, jouir d'une meilleure santé, ou manger et dormir avec plus de goût, ou de ce que je recherche ce genre d'exercices afin d'éviter que mes jambes enflent, que mes épaules s'amincissent, comme il arrive à ceux qui courent de longs stades, ou bien que mes épaules grossissent et que mes jambes s'amincissent comme cela se produit chez les pugilistes; afin, plutôt qu'en fatiguant tout le corps, je le rende parfaitement équilibré? »

CHAPITRE VIII

L'ÉDUCATION MILITAIRE
ET LES BATAILLONS SCOLAIRES

I

La nécessité de procéder à la réforme de l'éducation physique une fois reconnue, deux écoles se disputent aujourd'hui le choix de la méthode à adopter pour rendre la jeunesse plus robuste.

Deux partis sont en présence, en France comme en Italie. L'un veut donner à l'éducation physique un caractère militaire, en forçant les jeunes gens à apprendre, dès la quatorzième année, le maniement des armes et le tir à la

11.

cible. L'autre parti veut conserver à l'éducation son caractère civil et tient pour préjudiciable de mettre des armes entre les mains des jeunes gens avant qu'ils ne soient effectivement aptes à s'en servir sur les champs de bataille.

C'est une question complexe sur laquelle les militaires même ne sont pas d'accord. L'empereur Guillaume Ier et l'empereur Frédéric III d'Allemagne se sont montrés énergiquement opposés à l'exercice militaire au fusil avant que la jeunesse ne soit appelée sous les armes. Et Moltke lui-même considérait comme préjudiciable à l'éducation militaire cette façon de jouer aux petits soldats, *Soldatenspielen* [1], comme il disait.

Je ne soulèverai pas ici une question d'autorité ni de personnes. Je considérerai simplement le problème au point de vue physiologique. Je rechercherai ce que l'on doit exiger d'un soldat pour qu'il soit apte à la guerre et quelle est la somme maximum de fatigues qu'il devra supporter. Le lecteur jugera si le maniement du fusil et l'exercice du tir à la cible

1. V. Kotelmann, *Zeitschrift für Gesundheitspflege*, 1892, p. 129.

constituent véritablement la méthode d'éducation la plus propre à obtenir de bons soldats; ou s'il n'est pas possible d'obtenir de la jeunesse une plus grande vigueur et un entraînement plus intensif de tous les organes du corps, par l'éducation civile.

Je n'emprunterai à l'histoire, aux observations que j'ai faites dans les divers pays relativement à cette question, et à ma propre expérience de médecin militaire que juste le nécessaire pour scruter ce problème si compliqué.

II

Dans les temps modernes, la première loi pour l'éducation militaire de la jeunesse a été faite en France, en 1791. L'Assemblée nationale, disait la loi, autorise dans chaque canton la création d'une compagnie de jeunes gens au-dessous de dix-huit ans. Cette compagnie commandée par des officiers de la même classe sera soumise à l'inspection de trois vétérans nommés à cet effet. Les enfants étaient admis dans les bataillons à partir de onze ans et élisaient eux-mêmes leurs officiers, comme le faisaient d'ailleurs les soldats dans l'armée.

En 1795, l'éducation militaire de la jeunesse devint obligatoire et l'on forma les *bataillons de l'espérance*. C'était surtout dans les fêtes, dans la grande fédération des milices nationales, que ces bataillons faisaient parade. Leur uniforme était une tunique bleu azur à parements écarlates avec le pantalon blanc, à peu près comme dans l'ancienne garde nationale. Nous aussi, en 1848, nous avions nos bataillons de l'espérance.

Au Champ de Mars, les gamins mêlant leurs voix enfantines à celles des hommes faits, juraient de mourir pour la République. Mais lorsqu'ils furent en âge de porter les armes, ils courbèrent la tête sous le joug et la tyrannie de l'empereur.

Après les désastres de 1870, le gouvernement français rendit de nouveau obligatoires les exercices militaires dans les écoles. Et la loi du 28 mars 1882 institua *les bataillons scolaires* que le peuple parisien, par abréviation, baptisa du nom de *scolos*. Le ministre de la guerre adopta un modèle de petit fusil pour les scolaires et un décret du 6 juillet 1882 promulguait un règlement pour le tir à la cible de la jeunesse.

On organisa des champs de tir et des *stands* pour les écoles, on publia un manuel d'exercices pour les instructeurs, un autre pour l'enseignement du tir. La ville de Paris voulut payer elle-même l'uniforme des scolaires pauvres. On constitua des cadres d'officiers et des instructeurs de bataillons. Pour donner une idée des nombreuses fonctions qui furent créées par cette loi, je dirai seulement qu'à Paris les chefs de bataillon touchaient 1600 francs d'indemnité par an, les chefs de compagnie 600 francs. Ce fut une organisation grandiose, comme s'il s'était agi d'une institution fondamentale d'État.

Maintenant tout cet édifice est à terre. Les pauvres *bataillons scolaires* sont morts, et nous pouvons en faire librement l'autopsie pour en tirer quelque enseignement.

La raison intime de la mort des *bataillons scolaires* est un mystère du cœur humain, qui rend conservateurs même les plus révolutionnaires, quand il est question d'élever ses propres enfants. Pour peu que l'on examine autour de soi le cercle de ses connaissances, on y trouve des incrédules, des socialistes, des athées même qui envoient leurs enfants dans les maisons d'éducation religieuses. Je ne sais comment cette contradiction entre la vie publique et la vie privée, entre la raison et les sentiments, peut s'expliquer, mais il est constant que même les plus libéraux et les penseurs les plus affranchis de préjugés ne confient pas volontiers leurs enfants à des ex-sergents, pour leur faire donner une éducation militaire. Et les mères sentent instinctivement que le rapprochement trop étroit de la caserne et de l'école peut nuire à l'éducation de leurs enfants.

Telle est la raison psychologique qui a principalement causé la mort des *bataillons scolaires*. Nous verrons plus loin, qu'il y eut d'autres motifs d'ordre physiologique. En attendant, nous pouvons être certains que si l'éducation militaire n'a pu s'implanter chez la nation qui se trouve actuellement dans le paroxysme de l'esprit belliqueux, elle ne jettera de racines dans aucun autre pays d'Europe.

Pour juger les institutions et en tirer des pronostics, il ne faut pas se fier à ce que disent les journaux. En France, une partie autorisée de la presse disait : *La marche des petits soldats parisiens a conquis les plus hostiles* lorsque

Andavan combattendo ed eran morti [1].

(L'Arioste.)

III

Sous peu on discutera dans notre Parlement une loi sur le tir à la cible national, qui offre une grande ressemblance avec la loi des *bataillons scolaires*.

Chez nous aussi, le tir à la cible est placé sous la surveillance des ministères de la guerre, de l'intérieur et de l'instruction publique. Nous avons les mêmes taxes et les mêmes règlements. Les Français avaient cependant cette circonstance atténuante que si l'instruction militaire était obligatoire, le tir à la cible était facultatif. Chez nous, tout deviendra obligatoire; car le projet de loi modifié par la commission centrale décide à l'article 9 que « les élèves des écoles gouvernementales, assimilées et auto-

1. « Ils allaient au combat et étaient morts. »

risées, ne pourront, passé la quatorzième année, être inscrits aux cours respectifs, s'ils n'établissent pas leur affiliation à une société de tir ».

Les jeunes gens qui, à la fin de l'année scolaire, *n'ont pas établi avoir suivi les exercices avec profit*, ne peuvent être admis aux examens de passage ou de licence.

Le projet de loi dit à l'article 1ᵉʳ :

« L'institution du tir à la cible national a pour but de préparer la jeunesse au service militaire, par des exercices gymnastico-militaires et par le tir à la cible, et d'entretenir la pratique des armes parmi les militaires rentrés dans leurs foyers. »

On comprend que le ministre de la guerre se préoccupe de la nécessité de conserver la pratique des armes parmi les militaires en congé et qu'il prenne pour cela les mesures qu'il croit les plus opportunes. Mais autre chose est de confier au ministre de la guerre les enfants, dès l'âge de quatorze ans.

Ce n'est pas une méthode naturelle d'éducation que d'orienter prématurément la jeunesse vers le maniement des armes. C'est une culture artificielle comme celle des serres chaudes. Nous devons bien au contraire, nous attacher à donner à la plante humaine l'air, le soleil et la liberté dont elle a besoin pour grandir robuste. Pourquoi tant se hâter, alors que le paysan est le meilleur des soldats? Attendons que les jeunes gens soient mûrs pour l'armée, et nous leur mettrons ensuite un fusil entre les mains. Laissons à d'autres qu'aux militaires le soin de faire croître vigoureuses les générations futures.

L'idéal de l'éducation physique, dans le sens civil du mot, est de rétablir l'équilibre entre le travail intellectuel et l'exercice des muscles; de favoriser la gymnastique naturelle, les mouvements agréables des jeux, la course, le saut, les marches et tout ce qui peut donner à l'homme la force et la grâce.

Herbert Spencer, dans son ouvrage sur l'éducation, dit : « La première condition pour réussir en ce monde *c'est d'être un bon animal* : et la première condition de la prospérité nationale est que la nation soit composée de *bons animaux* ».

Voilà la vraie base de l'éducation physique, et le ministère de la guerre est le moins apte à diriger l'éducation de l'homme, en tant que celui-ci est un animal. Aussi, suis-je d'avis qu'on ne doit pas la lui confier, pour beaucoup de raisons, entre autres pour celle-ci : la nécessité de procéder à une réforme dans l'éducation de la jeunesse étant reconnue, on ne doit pas confier cette éducation à des militaires qui, par leur nature même, sont des agents trop conservateurs. Dans tous les pays d'Europe, le ministère de la guerre est la partie de l'administration publique la moins portée aux innovations.

Par le seul fait que les exercices militaires exigent une tension cérébrale tout aussi caractérisée que l'étude elle-même, on doit les proscrire. Dans l'éducation physique, nous sommes obligés, pour remédier au surmenage intellectuel, de supprimer tous les mouvements mesurés et gymnastico-militaires qui exigent la régularité du rythme ou l'immobilité du soldat. Quiconque a assisté à l'instruction des conscrits, a dû remarquer que la moitié du temps se passe à entendre debout l'explication des exercices, et que l'autre moitié se passe à se tenir comme des empalés, pour exécuter des mouvements saccadés, contraires à la nature et qui secouent les viscères sans utilité pour la santé.

Les exercices militaires sont le triomphe et la perfection de l'immobilité. Un général parmi les plus distingués de notre armée, me racontait, il y a quelques jours encore, l'histoire d'un instructeur de je ne sais quelle armée devenu fameux par sa spécialité pour dresser les soldats au maniement des arme Comme il se vantait d'obtenir l'immobilité absolue, un officier lui objecta que c'était impossible. Tandis que les soldats se tenaient fixes, l'arme sur l'épaule, l'officier lui fit observer que l'extrémité des fusils accusait de légères oscillations. En effet les épaules se soulèvent légèrement à chaque inhalation d'air et s'abaissent à l'exhalation suivante. L'instructeur s'écria tout humilié : « Mais, c'est un effet de la respiration que je n'ai pas encore réussi à supprimer ».

Le projet de loi sur le tir à la cible tend à pousser l'éducation physique des Italiens dans une direction diamétralement opposée à notre idéal, par le fait même qu'il embrasse également les exercices gymnastiques.

Et je suis convaincu que l'on s'engagera dans une voie que nous serons bientôt forcés d'abandonner.

L'article 14 nous fait prévoir avec certitude ce qui arrivera dans quelques années.

« On pourra affecter aux exercices gymnastico-militaires des gradés de la troupe, choisis de préférence parmi les sous-officiers munis de brevets de moniteurs délivrés par l'école normale de gymnastique. »

Si l'on ne crée pas d'autres écoles normales de gymnastique, cela veut dire que dans quelques années toute l'éducation physique des Italiens sera le monopole des ex-sergents sortis de l'école normale de Rome. Les régiments qui, par hasard, sont en garnison à Rome verseront dans les écoles normales les sous-officiers qui ont le moins de goût pour le service de soldats; et voilà les agents qui devront élever nos enfants.

Un de mes amis, proviseur de lycée, me disait qu'il faisait exécuter le moins possible d'exercices de gymnastique parce que c'est une école d'indiscipline où les jeunes gens se gâtent. « Que veux-tu, ajoutait-il, le professeur de gymnastique n'est pas capable de se faire respecter, il n'a aucun ascendant sur les jeunes gens. Quand il s'évertue à parler en bon italien il lui échappe des solécismes et des pataquès tels que même les professeurs qui assistent aux leçons, pour l'aider à maintenir un peu d'ordre, ne peuvent s'empêcher de rire. Tous se moquent de lui et, dès qu'ils peuvent tourner la tête, ils se répètent à haute voix le galimatias du professeur de gymnastique, en échangeant des grognements et des cris sauvages. » Le défaut de culture des instructeurs militaires est l'écueil sur lequel la loi du tir à la cible fera naufrage. Vouloir disjoindre l'éducation physique de l'éducation intellectuelle et morale est une erreur ; et la loi sur le tir à la cible aggravera les conditions déjà déplorables de l'éducation physique en Italie, de telle sorte que toute réforme efficace sera impossible pendant plusieurs années.

Un grave défaut de l'éducation moderne, c'est que nous rendons la jeunesse trop esclave, que nous la tenons enchaînée en toute occasion, ne la laissant jamais agir à sa guise. Sauf pour l'Angleterre, on peut dire que ce défaut est commun à toutes les nations d'Europe. Les éducateurs se préoccupent sérieusement de cette pression ininterrompue que nous exerçons sur le cerveau de la jeunesse, oblitérant les inclinations naturelles, déformant comme dans un moule banal le cerveau de l'homme, ainsi que font certains peuples sauvages qui, dès le maillot, compriment continuellement le cerveau en avant et en arrière, de façon que le crâne reste déformé pour toute la vie. A les voir, ces sauvages ont la tête grosse et carrée, mais il n'y a rien dedans.

La discipline militaire, les exercices au fusil, les manœuvres, sont ce qu'il y a de plus efficace pour comprimer la spontanéité des mouvements, pour énerver la jeunesse, pour ravir aux enfants toute gaîté, pour les vieillir avant l'époque, pour supprimer toute originalité et faire prévaloir dans la société le type de l'automate; on crée le type de ces infortunés qui, dans la lutte pour la vie, ne savent rien faire de leur propre initiative et attendent toujours un ordre et une impulsion pour agir.

IV

Pendant mon séjour en France, étant recommandé par le docteur Marey et assistant au cours que faisait le professeur Démeny sur l'éducation physique, dans une salle de l'Hôtel de

Ville de Paris, j'ai pu entrer en relation avec plusieurs officiers de l'armée française. Je me rappelle avoir assisté à une discussion où un commandant disait : *Pour mon compte je n'ai jamais trouvé de plus mauvais soldats que dans les parages où ces sociétés d'instruction militaire sont florissantes.*

Et dans un entretien pétillant d'esprit et d'anecdotes où il dépeignait le manque de discipline et l'arrogance des élèves qui arrivent au corps, croyant en savoir plus que les sergents et les officiers, il finit par dire : *Ce n'est pas le maniement des armes, c'est l'obéissance qu'il nous faut.*

Au laboratoire de physiologie du Dr Marey, j'ai fait la connaissance du commandant Legros, l'un des hommes dont les travaux ont le plus contribué à faire pénétrer dans l'étude des questions militaires l'esprit et les méthodes des sciences expérimentales. Séduit par l'aménité de son caractère et par l'originalité de ses vues scientifiques, je me suis lié d'amitié avec lui.

Voici en quels termes le commandant Legros me faisait part de son opinion sur l'éducation militaire de la jeunesse :

« Je ne connais rien de plus déplorablement inepte que la prétention de développer le physique des jeunes gens, et de leur inculquer l'esprit militaire et l'instruction militaire en les assujettissant à une parodie des exercices militaires.

« La sanction du devoir militaire est la mort. La discipline des manœuvres a pour objet de faire pénétrer cette conviction comme par une suggestion, par un massage incessant, dans le cerveau et dans tous les membres du soldat. Un simulacre de mouvements d'exercice dépourvu de cette redoutable sanction, ne saurait plus passer que pour une caricature sacrilège, d'autant plus malsaine que l'on affecterait davantage de la prendre au sérieux. Toutes les simagrées militaires auxquelles peut se livrer un collégien pendant le cours de ses études n'équivalent pas à huit jours d'instruction dans un régiment. Elles causent, au contraire, un préjudice irrémédiable en déflorant à tout jamais cette terreur sacrée qu'éprouve le jeune soldat placé pour la première fois devant l'officier devenu pour lui l'image vivante de la Loi et de la Patrie. »

CHAPITRE IX

LE TIR A LA CIBLE

I

Pour le physiologiste, chaque coup de fusil est une expérience sur l'acuité de la vision et la force des bras. Parmi les physiologistes, je suis un de ceux qui se sont occupés avec prédilection de cette étude. Je suis profondément reconnaissant envers le ministère de la guerre, de m'avoir accordé la facilité de faire sur les soldats de Turin et de Rome des expériences pour connaître l'influence que la fatigue exerce sur la précision du tir.

Pour bien viser, il faut que le rayon visuel

passe par le fond du cran de la hausse et le sommet du guidon qui se trouve à la partie antérieure du canon. Celui qui vise dirige l'arme ainsi pointée de façon que la ligne visuelle passe par les deux points précités et aboutisse au point de la cible que l'on veut atteindre. Mais l'œil ne peut voir simultanément trois points placés l'un derrière l'autre quand ceux-ci sont peu éloignés de cet organe. Pour s'en convaincre, il suffit d'étendre le bras et de regarder le bout d'un doigt. Si nous voyons bien le doigt nous ne voyons pas les objets situés au delà, et si nous voyons distinctement les objets éloignés nous ne voyons pas bien le doigt. Les jumelles de théâtre portent une vis pour ajuster la position des lentilles selon la distance à laquelle nous voulons voir. Dans notre œil nous avons un muscle spécial qui accomplit la même fonction. Quand nous regardons de près il rend la lentille plus courbe, et quand nous fixons un objet éloigné la lentille de l'œil devient involontairement plus plate.

La hausse du fusil est à la distance d'environ 40 centimètres de l'œil. Le guidon est éloigné de 80 centimètres de la hausse, et l'objet à atteindre est à une distance variable. Pour bien viser, il nous faut modifier la courbe de la lentille dans l'intérieur de l'œil, pour voir d'abord distinctement le cran de la hausse. Ensuite le rayon visuel se portant sur le sommet du guidon, la lentille de l'œil s'aplatit et nous voyons moins distinctement la hausse. Enfin, en prolongeant le regard jusqu'à l'objet à atteindre, la lentille s'aplatit encore davantage, et nous voyons moins bien non seulement la hausse, mais encore le guidon.

Telle est la gymnastique de l'œil dans le pointage.

Les modifications de l'œil qui se produisent dans cet exercice sont tellement grandes, qu'un bon observateur, en regardant de côté l'œil de celui qui vise, voit le profil de l'iris se modifier; le bord de la pupille est refoulé en avant par la lentille située derrière lui, lorsque nous regardons un objet rapproché. Le temps nécessaire pour produire ces modifications dans l'œil est assez long. Les physiologistes ont soigneusement étudié cette accommodation de l'œil à toutes les distances, et l'on peut dire en général qu'il faut au moins une demi-seconde pour voir successivement trois points, en admettant que le fusil soit tenu immobile et pointé exactement.

Plus l'œil arrivera à effectuer rapidement ces transitions et cette manœuvre interne, si je puis m'exprimer ainsi, mieux il réussira au tir. Pour exécuter cette gymnastique de l'œil, il n'est pas nécessaire de mettre un fusil entre les mains des enfants. On peut, de mille façons, combiner des jeux et des instruments très simples avec lesquels l'œil des élèves s'habituera peu à peu à voir rapidement un objet rapproché et un objet éloigné.

Je dis cela pour démontrer que les exercices de gymnastique doivent ne pas se limiter aux muscles mais s'étendre aussi aux sens.

Le nombre des myopes va continuellement en augmentant à cause des conditions artificielles de la vie moderne. Beaucoup de ceux qui ne portent pas encore de lunettes, ne voient cependant pas distinctement un petit objet placé à la distance de 80 centimètres ou d'un mètre comme le guidon du fusil. L'éducation de l'œil, à vingt ans, a peu de chances de succès, à mon avis, et il faudrait la commencer plus tôt par des exercices spéciaux d'accommodation. Plus tôt nous ferons exécuter cet exercice, mieux cela vaudra. En Allemagne, le jeu de l'arbalète est plus répandu que chez nous. Dans le bois de l'université de Leipzig j'ai tiré moi-même, avec mes professeurs, sur un aigle de bois, cloué contre le tronc d'un chêne.

Je proposerais que l'on introduisît dans nos écoles le tir à l'arc et à l'arbalète, ou, tout au plus, le tir à la cible avec le fusil à air comprimé. Je sais que quelques vieux soldats riront de ma proposition. Mais, comme physiologiste, je suis convaincu que, pour exercer l'œil, une arbalète vaut autant qu'un fusil. De plus, l'exercice étant ainsi continu, puisque l'on peut s'y livrer partout, et ne coûtant rien, le but peut être plus aisément atteint.

Mais il ne suffit pas d'avoir l'œil subtil pour diriger la ligne de mire sur la cible. Il faut tenir solidement le fusil au moment voulu, et lâcher la détente ensuite, sans faire remuer l'arme. La contraction des muscles des bras doit être fixe et uniforme, de façon à diriger horizontalement le fusil et à le serrer contre l'épaule sans tremblement ni secousse.

12.

Il est même utile d'apprendre à retenir la respiration au moment où l'on vise, afin que l'arme reste immobile.

Les conditions physiologiques nécessaires pour bien tirer sont donc variées. Elles se divisent en deux groupes, l'un d'ordre nerveux et l'autre d'ordre musculaire. Je ne m'arrêterai pas à examiner ce sujet au point de vue physiologique, car cela nous entraînerait trop loin. Je dirai simplement que, dans mes études, j'ai voulu rechercher si, dans le tir à la cible, les hommes chez qui le système nerveux prédomine réussissent mieux que ceux chez qui le système musculaire est prépondérant.

Je me suis adressé à un de mes amis commandant un régiment. Il fit exécuter un tir à la cible par un certain nombre de soldats qui étaient nés et avaient grandi dans les villes, et à un nombre égal de leurs camarades venus de la campagne. Le résultat fut que les paysans tiraient mieux que les citadins.

La supériorité du paysan dans l'usage du fusil provient de ce que celui-ci, vivant continuellement au grand air, voit mieux les objets éloignés. L'existence dans les villes tend à nous

rendre myopes peu à peu. Les bras du cam-
pagnard sont plus robustes et son système nerveux est plus calme. Il serait utile qu'avant
d'exercer les jeunes gens au tir à la cible, on
introduisît dans les écoles la pratique de la
mesure des distances et que l'on fît souvent,
pour cet entraînement, des promenades dans
la campagne.

II

Certainement, le bon tireur naît avec des
dispositions spéciales. Il y a des paysans qui
n'ont jamais touché un fusil avant d'arriver au
régiment. Ils font l'école de tir et sont après
60 coups tellement supérieurs aux autres qu'ils
obtiennent de suite les insignes de tireurs
d'élite. Dans les champs de tir, j'ai connu des
jeunes gens qui, après le premier jour d'exercice,
mettaient 5 coups sur 10 dans la cible, à la
distance de 200 mètres, en tirant à bras franc.
Si l'on peut s'appuyer sur un support ou contre
un arbre, se coucher à terre ou se mettre à
genoux, comme le font généralement les soldats

en campagne, le tir est plus facile et porte plus juste.

J'ai demandé à beaucoup d'officiers combien de temps mettent les soldats pour apprendre à tirer à la cible. La réponse a été unanime. Ils apprennent en un mois ou jamais. Après les 60 ou 100 premiers coups, le progrès cesse d'être appréciable.

Un problème qu'il m'aurait plu d'étudier est celui de la rapidité avec laquelle on apprend à tirer juste et des différences individuelles qui existent dans le développement de l'aptitude au tir.

Je serais heureux que quelque officier voulût bien entreprendre cette étude qui n'a encore été faite autant que je sache dans aucune armée d'Europe. Il s'agirait d'exprimer en chiffres les progrès que les soldats réalisent dans la justesse du tir, en s'exerçant pendant trois ou quatre années successives. Comme la série de ces chiffres peut se représenter par une ligne au moyen de la méthode graphique, le problème se réduit à établir *quelle est la courbe du progrès dans le tir*. Avec l'aide du ministère de la guerre il ne serait pas difficile de faire cette étude pendant le temps que les soldats passent sous les drapeaux. Je crois qu'il existe déjà des données permettant de tirer quelques conclusions. Certainement les partisans de la loi sur le tir à la cible national feraient œuvre utile en s'intéressant à la solution de cette question. En effet si, comme je le crois probable, il résultait de cette étude la constatation que le progrès se réalise presque toujours dans la première année et très peu dans la seconde année d'instruction, de telle sorte que le perfectionnement afférent aux années suivantes soit une quantité négligeable, il serait rationnel de ne commencer l'exercice du tir qu'à dix-huit ans, tandis qu'actuellement on veut le rendre obligatoire dès l'âge de quatorze ans.

Il y a eu cette année des régiments où les conscrits ont reçu l'instruction militaire complète en 47 jours et ont pu ensuite faire le service avec les anciens soldats. Si cela est vrai, et si tout le monde est d'accord pour reconnaître qu'en cas d'urgence, à l'aide d'une progression accélérée, on peut, en 30 jours, instruire les soldats et les envoyer sur le champ de bataille, je ne comprends pas pourquoi nos fils devraient manier le fusil et tirer à la cible pendant six ans, pour atteindre ce beau résultat d'être probablement appelés sous les armes quand la théorie sera modifiée. Il leur faudra perdre alors du temps pour désapprendre ce qui leur avait été enseigné auparavant.

En Italie, comme dans tous les pays du continent, nous nous plaignons avec raison de la trop grande extension des programmes, du peu de repos accordé à la jeunesse, et du défaut de temps disponible pour l'éducation physique. Avec la prochaine loi, les conditions de l'enseignement s'aggraveront plutôt qu'elles ne s'amélioreront.

Pour l'école de pointage, dix leçons au moins seront nécessaires. Et il en faudra plusieurs autres, plus difficiles, pour faire connaître la nomenclature du fusil, le démontage et le remontage, puis l'entretien de l'arme, pour arriver à la connaissance des vis, des ressorts, des arrêts, du percuteur et des autres pièces compliquées. Si l'école doit durer six ans, on ne saura quand enseigner certaines parties de la théorie qui sont moins faciles, comme l'influence de la pesanteur sur les projectiles, la résistance de l'air, la raison d'être et les propriétés de la trajectoire curviligne, la durée du trajet et la pratique du tir contre des objets mobiles; l'étude des cartouches, des diverses substances explosives, des projectiles; et nous aurons de la chance si l'on n'enseigne pas aux élèves d'autres matières plus difficiles qui les forceront à rester davantage sur les bancs. Enfin on arrivera au bienheureux jour où ils pourront aller au champ de tir. Supposons simplement que ce soit une petite division : elle n'aura pas moins de trente élèves. Elle y sera attendue par un officier et un ancien soldat. Ces élèves seront évidemment aussi accompagnés d'un surveillant, vu qu'il s'agit d'un exercice dangereux. Au bout d'une heure, si tout va bien, chaque élève aura tiré une cartouche. Le reste de l'heure sera passé dans l'immobilité, à regarder les camarades, en respirant la fumée de la poudre.

Le major Cisotti [1] dit qu'il faudra 1548 instructeurs. Ce seront 1548 nouveaux fonctionnaires à mettre à la charge de l'État. Néan-

---

1. L. Cisotti, *L'educazione fisica nazionale e la preparazione alla guerra Nuova Antologia*, 1892, 1ᵉʳ décembre, p. 529.

moins, la dépense la plus considérable sera celle des champs de tir, car avec la nouvelle loi il en faudra un par canton.

Il faut encore ajouter la construction des fusils petit modèle, et toute la série des dépenses relatives à la manutention du matériel.

Comme physiologiste, les dépenses ne me regardent point. C'est à ceux qui ont charge de voter le budget d'en avoir souci. Je crois cependant qu'il est permis à tout le monde de faire remarquer qu'en Italie, comme dans tous les pays, il faut limiter le temps et l'argent consacrés à l'éducation physique de la jeunesse. En Italie, on peut encore trouver du temps disponible, en réduisant les programmes des écoles; quant à l'argent, il sera plus difficile à trouver. Aussi, j'espère que cette loi ne sera pas approuvée.

Les armes vont d'ailleurs tellement en se perfectionnant, que le tir à la cible lui-même deviendra plus facile. En quelques années le poids du fusil a diminué d'environ un demi-kilo [1]. Il en résulte une bien plus grande préci-

1. Le nouveau modèle 1891 pèse 3800 grammes. Celui que porte actuellement l'infanterie pèse 4350 grammes.

sion dans le tir, car les bras tremblent moins en soutenant l'arme contre l'épaule. Les nouvelles substances explosives imprimant au projectile une vitesse beaucoup plus grande, le tir devient plus efficace, la trajectoire étant plus tendue. Tandis que l'infanterie ne tire qu'à 375 mètres, à hausse rabattue, c'est-à-dire en dirigeant horizontalement le canon du fusil vers la cible, on tire avec le nouveau fusil jusqu'à 600 mètres, sans toucher à la hausse. Tout le monde comprend combien est plus grande la facilité du tir lorsque l'œil n'a, pour viser, qu'à suivre simplement la direction du canon. La réduction du calibre, la quantité moindre de substance explosive que les cartouches contiennent actuellement, l'intensité moindre du recul, la perfection même avec laquelle sont fabriqués les nouveaux fusils, telles sont les conditions favorables au tir qui en rendent l'apprentissage plus court et la précision plus grande.

J'ai entendu dire par quelques officiers d'Alpins qu'avec le nouveau fusil modèle 1891 les soldats mettent à 300 mètres, dans la cible, un nombre de balles presque double.

III

Les États-Unis d'Amérique sont le seul pays
où l'on ait fait l'expérience d'une loi rendant
le tir à la cible obligatoire. Mais cela s'est passé
au siècle dernier. Après les célèbres batailles
qui donnèrent l'indépendance aux États-Unis,
Washington promulgua en 1790 une loi par
laquelle toutes les personnes aptes au service
militaire devaient, à partir de dix-huit ans, être
instruites au maniement des armes. Et nul ne
pouvait être électeur s'il n'avait un certificat
constatant qu'il avait suivi l'instruction militaire. Même en Amérique, cette obligation tomba
bientôt en désuétude. Ce n'est qu'après la guerre
de Sécession, en 1860, qu'il y eut une reprise
momentanée de l'instruction militaire et maintenant les conditions de l'Amérique, sous ce
rapport, sont les mêmes que celles des États
d'Europe. Pareilles oscillations de l'enthousiasme
sont si profondément inhérentes à la nature
humaine, que l'on peut être assuré que la loi

sur le tir à la cible national ne demeurera pas longtemps en vigueur.

Le tir à la cible est conservé en honneur en Suisse, pour des raisons locales, subordonnées à la configuration même du pays. Les grandes forêts, les montagnes inaccessibles, la nature sauvage y rendent populaire l'amusement de la chasse. Dans aucun pays d'Europe il n'existe autant de variétés d'animaux et de grands mammifères qu'en Suisse, dans les forêts. La seule présence de l'ours suffirait déjà à rendre les montagnards habiles au maniement du fusil. Les anciennes traditions et la légende ont environné de gloire les plus célèbres tireurs. La passion des armes est d'ailleurs une caractéristique des Suisses qui, dans les siècles passés, constituaient la force des armées mercenaires. Le peu d'homogénéité de leur patrie contribue aussi à entretenir l'esprit défensif et fait que toute la nation est peut-être mieux préparée aux armes. Mais cet état de choses se maintient depuis des siècles et il est né sans qu'il fût besoin de lois.

On n'y célèbre aucune fête dans un village ou dans une grande ville, sans que tout le monde afflue des pays voisins pour concourir au tir à la cible. Les concurrents arrivent l'arme sur l'épaule, les cortèges s'avancent précédés de couronnes et de drapeaux, les vainqueurs sont portés en triomphe.

Les fêtes les plus grandioses du tir à la cible eurent lieu au XVIIe siècle, et spécialement dans le nord de l'Europe, en Hollande et en Belgique; les Suisses conservèrent cette tradition, de même que leurs femmes conservent encore leurs anciens costumes pittoresques, dans les vallées de leurs cantons.

Chaque siècle a ses coutumes et aucune loi ne peut plus maintenant faire revivre en Europe les sociétés de tir à la cible qui ont été représentées à l'apogée de leur grandeur dans les célèbres tableaux de Hals et de Helft et dans celui plus fameux encore de Rembrandt connu sous le nom de *la Ronde de nuit*.

Une loi ne peut pas donner à brûle-pourpoint un caractère politique et patriotique à des sociétés, ni changer les habitudes du peuple et vaincre l'inertie et l'indifférence des citoyens. Les sociétés de tir à la cible, quoi que fasse le gouvernement, ne seront fréquentées volontairement que par quelques amateurs de ce genre de *sport*; et leur habileté ira croissant graduellement jusqu'à atteindre celle de Buffalo-Bill, qui tire avec son fusil entre les jambes, ou des champions australiens qui atteignent la cible en se tenant couchés sur le dos.

CHAPITRE X

LE HAVRESAC [1]

———

I

La plus grande fatigue dans la vie du soldat est celle de porter le sac. Dans toute l'Europe les soldats sont chargés de la même façon, c'est-à-dire qu'on leur donne le plus grand poids qu'ils puissent porter sur les épaules pour

1. « Le docteur Mosso nous avait consulté au sujet de l'opportunité de substituer aux détails de l'existence du soldat italien, qui remplissait ce chapitre et le suivant, les indications correspondantes relatives au soldat français. Il nous a paru infiniment plus instructif et intéressant, au point de vue même du lecteur français, de conserver avec leur couleur locale originelle, ces souvenirs, pris sur le vif, d'un médecin militaire italien » (V. Legros).

marcher mal à leur aise. Il n'ont pas gagné grand'chose à l'adoption d'un calibre de fusil plus faible, car les projectiles, étant plus légers, on a doublé le nombre des cartouches. Au lieu de 96 coups, le soldat italien en portera 162 avec le nouveau fusil.

La provision de cartouches est renfermée dans une petite sacoche placée à la partie supérieure du sac, et quand les soldats passent avec armes et bagages, on voit cette sacoche du côté droit. La rapidité du tir avec le fusil à répétition est telle que quelques officiers vont jusqu'à regretter qu'une partie des cartouches se gardent dans le sac hors des cartouchières. Il y a en effet, dans les batailles, des moments terribles où l'arrêt du feu nécessaire pour puiser les cartouches dans le sac est une perte de temps pouvant avoir de fatales conséquences.

Les conditions d'existence des armées étant telles en Europe, on comprend que désormais tout espoir est perdu de pouvoir diminuer la charge que le soldat doit porter en guerre. Peut-être, au siècle prochain, réussira-t-on avec l'aluminium, à supprimer le fer et le cuivre et à rendre plus légères les armes et les buffleteries. Mais on donnera au soldat l'équivalent du poids en plomb de cartouches.

Un général me disait qu'en temps de guerre, le poids du sac tend plutôt à augmenter qu'à diminuer; et cela, non par contrainte, mais par la volonté du soldat auquel la vie en campagne fait reconnaître la nécessité de maints objets qu'il pouvait auparavant se procurer dans les villes. C'est une chose surprenante de voir combien d'accessoires tiennent dans le sac, et avec quel ordre tout cela est disposé.

Le sac est une petite maison que le soldat porte avec lui. Au-dessus est attachée la tente avec les cordes, les piquets pour la dresser en un clin d'œil. Dans le sac, se trouve une chemise; d'aucuns y ajoutent un caleçon, bien que l'ordonnance ne soit pas d'en avoir deux, les pantalons en toile pouvant y suppléer quand il faut laver le caleçon qu'on porte sur soi. Il contient en outre le bourgeron de toile, les chaussettes russes, une paire de guêtres, le képi à visière de cuir, un essuie-mains, une cravate, le livret individuel. Ensuite viennent les objets que l'on peut dire de luxe, mais dont personne ne voudrait se passer : un mouchoir ; quelques-uns veulent avoir une paire de bas ; tous ont une trousse en cuir renfermant un peigne, quelques boutons, des aiguilles, une petite boîte de cirage, un peu de graisse pour les souliers, un morceau de savon, et un morceau de blanc pour le ceinturon, puis d'autres petits objets pour le nettoyage du fusil et de l'homme, la petite brosse, la petite fiole pour l'huile. Quelques soldats ont une paire de ciseaux, d'autres un encrier et un porte-plume, un miroir, etc., etc.

Pour manger, le soldat italien porte dans son sac deux rations de biscuit pesant 800 grammes et deux rations de viande de conserve qui pèsent un peu plus d'un demi-kilo. Au sac est encore attachée la gamelle en fer battu contenant la cuillère en fer. Le bidon et la musette sont suspendus aux épaules.

Même sous la capote, le soldat est autrement vêtu que le bourgeois. Son existence de fatigues l'oblige non seulement à porter la lourde capote, même en été; mais, outre la tunique de drap, il a sous sa chemise un gilet de laine très épais qui absorbe la transpiration; sans quoi, celle-ci pénétrerait chez quelques-uns jusqu'au sac, pendant les marches.

13.

D'aucuns croient que l'on pourrait supprimer la tente et faire cantonner les soldats comme le font les Allemands. Mais si vraiment l'on supprimait la tente qui ne pèse qu'un kilo et demi, on leur donnerait quelque autre chose à la place.

En Allemagne, en Autriche et en Hongrie, la moitié de la troupe porte déjà une petite bêche. Et peut-être, dans un temps peu éloigné, adopterons-nous, nous aussi, cet outil de pionnier. Quand on a à combattre dans de grandes plaines, il est en effet nécessaire d'ouvrir des fossés et des tranchées ; et même, dans les pays montagneux, la bêche serait utile au soldat pour déblayer le terrain, pratiquer des accès, ouvrir les haies, abattre ou créer des obstacles et, pour beaucoup de travaux nécessaires avant ou après le combat, pour renforcer une position. Il y a des objets d'un usage commun qui sont portés en détail par chaque homme, comme la lanterne de campement, les bidons à eau, les filets à pains. Chaque compagnie a des bêches, des piques, des sapes, des haches et des scies.

En totalisant le poids de l'uniforme des soldats d'infanterie, du sac, des armes, des munitions, des vivres, on peut dire que chaque soldat d'infanterie des armées européennes porte, en moyenne, 28 kilos. Le sac chargé suivant l'ordonnance pèse presque 10 kilos, sans les cartouches qui seules pèsent 3 kilos.

II

Il y a, sur ce sujet, un grand nombre de publications faites par des anatomistes et des physiologistes d'où il semble ressortir que la méthode actuelle de porter ces 10 kilos sur les épaules, n'est peut-être pas la meilleure. En Allemagne on est déjà divisé en deux camps. Mais de quelque façon que l'on s'y prenne, il est certain qu'avec les procédés actuels de la guerre on ne pourra pas alléger de beaucoup le poids du sac.

Une étude de haute importance pour le physiologiste consisterait à déterminer combien gagneraient la résistance et la rapidité de marche du soldat pour chaque kilogramme qu'on lui enlèverait de dessus les épaules. Malheureusement, nous ne connaissons pas encore les lois qui régissent l'épuisement des forces du soldat, ni celles en vertu desquelles la vigueur primitive revient par la voie du repos, dans les divers degrés de fatigue.

J'ai déjà indiqué sommairement ces études dans mes divers écrits [1] et j'espère publier bientôt un ouvrage sur *la physiologie du soldat*, où ces problèmes et d'autres relatifs à la marche seront mieux analysés.

Pour comprendre l'utilité du sac, il faut voir un régiment quand, après avoir marché toute une journée sous la pluie, il met sac à terre et bivouaque en pleine campagne. Aussitôt chacun s'ingénie à trouver quelque caillou qui lui servira à planter les piquets, et souvent on creuse avec les mains une petite rigole autour de la tente pour empêcher l'eau de pénétrer au-dessous. Avant d'arriver à trouver un peu de paille pour mettre sous la tente et se retirer au sec, ou d'avoir du bois pour allumer les feux et se sécher, des heures entières se passent; si l'on est en campagne ou si l'on arrive de nuit au campement, ce temps se prolonge.

Le seul objet de sec que possède le soldat,

1. A. Mosso, *Sulle leggi della Fatica*. Discours prononcé à la réunion solennelle de l'Académie royale dei Lincei, 29 mai 1887.

c'est le sac. Il change de chemise, passe son bourgeron de toile, met un autre pantalon et chausse d'autres souliers. Veut-il se coucher? le sac lui sert d'oreiller, la capote mouillée de couverture et de matelas. Souvent, le jour d'après, le régiment se met en marche et le soldat, le soir, se remet à planter la tente dans l'herbe et dans les sillons pleins d'eau, les membres affaiblis, sous le péril continuel de la mort et la peur de souffrances encore pires.

Voilà les épreuves terribles auxquelles sera soumise la jeunesse, quand éclatera une guerre. L'esprit belliqueux et l'amour de la patrie ne seront d'aucun secours si l'organisme ne résiste pas aux intempéries, à la fatigue et aux privations.

III

La première chose qui nous frappe, quand nous rencontrons des régiments en route au terme d'une longue étape, c'est le silence funèbre dans lequel ces milliers d'hommes passent devant nous. La gaîté caractéristique des soldats a dis-

paru; il semble que leur jeunesse est passée. Ils
défilent en désordre, ruisselants de sueur, affais-
sés, avec d'étranges teintes de rouge et d'écarlate, quelques-uns pâles, de couleur terreuse.
Leurs képis sont posés sur la tête dans toutes
les positions imaginables, avec leur mouchoir
ou du feuillage à l'intérieur, qui retombe sur les
épaules. La capote est déboutonnée, la tunique
et la chemise en désordre et débraillées laissent
voir la poitrine haletante. La transpiration tra-
verse le pantalon de toile, et la troupe dégage
une odeur âcre et nauséabonde, une odeur sauvage comme celle d'un troupeau de chèvres.
Seuls les plus facétieux et les moins affaiblis
lâchent quelque plaisanterie ou lancent quelque
cri, pour encourager les camarades ou maudire
la vie du soldat. Mais tous cheminent voûtés,
avec le ceinturon et la giberne pendant d'un
côté. D'aucuns s'aident à porter le sac à l'aide
d'un bâton qu'ils mettent sous la tente ou sous
les courroies, pour soulager un peu les épaules
du poids qui leur coupe les aisselles. Dès que
le moindre à-coup se produit ou que quelque
accident arrête la marche, tous jettent sac à
terre; et puis, les malédictions reprennent quand

il faut se le mettre à nouveau sur les épaules. Après la bataille de Custozza, il manqua plus de vingt mille sacs.

Le sac est une lime qui use les forces, c'est un instrument de guerre au moyen duquel on mesure la vigueur du soldat. Le médecin qui marche derrière le régiment recueille le long des fossés et des haies les pauvres soldats qui tombent exténués, et leur donne un billet pour charger leur sac sur la voiture du régiment. Et souvent il est obligé de faire mettre aussi le soldat dans la voiture d'ambulance.

Dans les marches, la profession de ces pauvres éclopés m'intéressait particulièrement; je les interrogeais sur leur état, sur les vicissitudes de leur existence. C'étaient des employés, des garçons de magasin, des perruquiers ou des tailleurs, gens ayant vécu dans les villes et dans les bureaux, qui n'avaient jamais sué au soleil pour gagner leur pain, et que la conscription avait jetés sans transition sous les drapeaux. Je me rappelle quelques soldats ramassés dans les fossés ou allongés sur des tas de cailloux, le long de la route, qui avaient la face contractée par la souffrance, le pouls faible et précipité, l'air abêti, comme s'ils avaient eu une attaque de typhus, alors que c'était l'épuisement produit par la fatigue qui les avait réduits dans ce pitoyable état.

IV

Après avoir assisté à un spectacle aussi triste et aussi douloureux, j'étais peiné de penser que, avec tant de gymnastique, rien ne se fait dans les écoles pour préparer nos fils à moins souffrir dans les marches et à porter avec moins de fatigue le sac, cette maison des camps.

C'est ici que s'ouvre une étude importante pour le physiologiste et pour l'éducateur. C'est la partie la plus difficile de la nouvelle gymnastique. Il ne faut pas croire qu'il suffit de prendre un ex-militaire, et de lui donner des jeunes gens à conduire à travers la campagne et au soleil, avec un bâton ferré à la main ou sur les épaules. L'art de graduer l'énergie du travail et de la varier selon l'âge et selon les effets que l'on en veut tirer, exige une étude spéciale. Le maître devra connaître à fond ses jeunes gens un par un, car les hommes ne sont pas tous coulés dans le même moule; et entre une personne et une autre il y a de très profondes différences. Celles des muscles et de l'ossature se voient. Les dispositions spéciales du système nerveux sont encore reconnaissables jusqu'à un certain point. Mais il en est d'autres que, seul, le médecin est apte à diagnostiquer. Il y a des constitutions faibles, nerveuses ou lymphatiques, pour lesquelles les exercices sont une excellente chose. Ces jeunes gens pour qui l'éducation physique est un remède, et qui maintenant fuient les gymnases, trouveront leur salut dans les champs de jeux, si un maître intelligent sait adapter les jeux à leurs forces et les attirer par la variété.

Tous les jeunes gens n'ont pas une aptitude égale pour les mêmes mouvements. L'art de l'éducation consiste à connaître ces dispositions naturelles et à s'en servir pour développer les divers groupes de muscles, en renforçant peu à peu l'organisme, et en le rendant plus résistant aux produits de la fatigue.

Si je n'étais retenu par le désir de la concision, je voudrais écrire un chapitre sur l'éducation physique du cheval, pour montrer combien nous sommes plus arriérés dans l'art et les connaissances ayant pour objet l'éducation de l'homme.

C'est évidemment humiliant pour le xixᵉ siècle et pour nous autres physiologistes. Mais il me semble que l'heure de la revanche a sonné. Ces pages sont les premières cartouches brûlées à l'avant-garde. Ce sont les escarmouches qui nous préparent à la bataille et nous espérons qu'elle sera grande et heureuse, et que la science italienne, elle aussi, participera honorablement à la rénovation de l'éducation physique de notre peuple.

Voilà pourquoi nous voulons que dans les universités et les écoles secondaires, les professeurs et les maîtres étudient l'éducation physique, en comprennent l'importance, la soutiennent et s'appliquent à la répandre.

Certainement, pour appliquer avec discernement les divers systèmes d'éducation physique, il faut des connaissances techniques que seule peut donner une longue étude de l'homme, telle que la fournissent les études médicales. En Suède déjà, dans toutes les écoles, un médecin est chargé de cette surveillance. Nous espérons qu'en Italie également, l'hygiène et l'éducation physique seront bientôt mises sous la direction des médecins. « Les jeunes gens, dit Marey, doivent être classés dans les écoles selon leurs aptitudes physiques, comme ils le sont pour les aptitudes intellectuelles. »

Dans un précédent chapitre, j'ai rappelé que le ministre de l'instruction publique von Gautsch a déjà prescrit en Autriche, depuis 1890, de tenir compte, dans les écoles, des progrès faits dans l'éducation du corps, comme on tient compte des progrès réalisés par le cerveau sous la forme des connaissances acquises.

Pour donner son effet à la réforme à laquelle nous aspirons, il faut un nombre double ou triple de maîtres et de professeurs chargés de la surveillance supérieure de l'éducation physique de la jeunesse. Notre programme est beaucoup plus vaste et plus ardu à réaliser que celui de la gymnastique actuelle. Nous voulons que l'État accorde une égale importance à l'éducation intellectuelle et à l'éducation physique. Aucun collège, aucune école ne doivent exister sans un gymnase et un champ pour les jeux, avec des hangars pour s'abriter et jouer quand il pleut ou qu'il neige. Il importe que les jeunes gens vivent beaucoup plus à la campagne et au grand air qu'actuellement. Les maîtres doivent utiliser tous les accidents du terrain, les obstacles, les arbres, les murs, les talus, pour exercer méthodiquement les divers muscles.

Nous espérons qu'il se créera bientôt, chez nous aussi, des *Sociétés pour les jeux populaires*, qui, d'accord avec les communes et le gouvernement, ouvriront des gymnases pour les jeux, que le peuple y accourra, et que l'on verra renaître l'ancien enthousiasme pour les mouvements, la force et l'adresse. Ce que nous voulons, c'est une nouvelle gymnastique populaire, avec une orientation physiologique et pratique, substituée à la gymnastique artificielle des appareils. Par les jeux on peut exécuter mieux, naturellement, et avec agrément, tous les mouvements qui s'effectuent aujourd'hui à l'aide des appareils. Notre vœu le plus cher est que l'exercice du corps devienne réellement une institution populaire, et que les philanthropes s'intéressent à l'amélioration physique de leurs concitoyens.

CHAPITRE XI

LES MARCHES

I

Beaucoup de gens ont lu les pages terribles de Zola dans *la Débâcle*. Bien peu probablement connaissent les marches prodigieuses qu'accomplirent les soldats de l'Allemagne pour préparer l'hécatombe de Sedan.

Dans les quatre premières semaines qui suivirent la déclaration de guerre de 1870, il y eut huit batailles qui firent disparaître l'armée française de la scène, et dans lesquelles l'empire napoléonien s'écroula.

Le projet hardiment conçu de venir au secours

de Metz fut déjoué par les marches extraordinaires exécutées par les armées allemandes qui se portèrent brusquement sur la droite et cernèrent Sedan. Je donne ici [1] un relevé des marches accomplies par les corps d'armée allemands jusqu'à la bataille de Beaumont qui eut lieu le 30 août. Pendant six journées consécutives, une grande partie de l'armée allemande franchit presque 22 kilomètres par jour, se tenant en contact avec l'ennemi, devant réquisitionner les vivres, marchant sur de mauvaises routes, sous une pluie qui dura plusieurs jours.

Dans l'armée italienne on trouve aussi des exemples de marches mémorables. Pendant la campagne de 1866, la division Ricotti exécuta

1. Marches exécutées par quelques corps d'armée allemands pour arriver à Sedan :

CORPS D'ARMÉE		25 AOUT	26 AOUT	27 AOUT	28 AOUT	29 AOUT	30 AOUT	MOYENNE
4e armée.	Gardes	22	18	11,50	13	16	16	16,083
	4e corps........	20,50	20,50	18	17,50	32	4,50	18,833
	12e —	18,20	24	4	12,50	21	14	15,617
3e armée.	5e —	13	26	17	24,50	26,50	14	20,166
	11e —	17	24,50	20	21,50	31	20,50	23,916
	1er Bavarois ...	19	23	25,50	14	35	7	20,583
	2e — ...	28	25,50	30	18,50	26	13	23,500
	5e Wurtemberg.		36	26	22	18,60	34	27,300
	6e corps........	33	33	31	17	31	13,50	25,916

une marche forcée dans laquelle elle parcourut en trente heures 58 kilomètres, de Borino à Mortise. Deux jours après, par une marche ordinaire de 22 kilomètres, elle arrive à Scattenigo. Le jour suivant, qui fut le 20 juillet, après avoir franchi l'étape de Scattenigo à Trevignano, elle repartit le soir à 8 heures et arriva à 7 heures le matin du 21, près de Trévise. Après une courte halte, laissant les sacs en arrière, elle repartit et arriva à San Biagio, dit Callalta, à 11 heures du matin, ayant ainsi parcouru 67 kilomètres en trente-trois heures.

Le jour suivant, le 22, elle arriva à Motta, parcourant 50 kilomètres. Le 23, la division Ricotti partit à 2 heures du matin de Motta et arriva à 11 heures du matin à San Mauretto ayant franchi une étape de 28 kilomètres. Elle repartit à 8 heures du soir et arriva à 8 heures du matin, le 24, à Porpetto, faisant encore 55 kilomètres en trente heures.

Voilà des exemples de marches dont devraient s'inspirer ceux qui se proposent de faire l'éducation physique de la jeunesse. La résistance aux marches et la vitesse ont toujours été les facteurs les plus importants de la victoire [1]. Un officier me disait qu'avec les nouveaux fusils, la seule tactique sera de gagner le plus rapidement possible la supériorité du feu et que les armées futures auront surtout à lutter de vitesse.

Napoléon Ier est célèbre pour l'art avec lequel il savait préparer les batailles, au moyen de grandes marches. Et Moltke condensait la science de la guerre dans son mot fameux : marcher séparés, frapper réunis — *getrennt marschiren, vereint schlagen.*

Malheureusement ce sont les plus faibles parmi les soldats, qui règlent la vitesse d'une armée. Les hommes entraînés, ceux qui sont encore dans la période des exercices sous les armes, représentent le tiers ou le quart des classes qui seront appelées en cas de guerre. Au jour de la mobilisation, on fermera les ateliers, les services publics seront interrompus, les classes courront aux armes et mettront sac au dos sans avoir le temps de s'entraîner, et peu de jours après, peut-être, elles auront à combattre. Les vides qui se produiront dans l'armée aux pre-

1. *Die längsten und schnellsten Märsche aller Zeiten.* (*Neue militärische Blätter*, vol. VII, 1875.)

miers chocs avec l'ennemi, seront comblés par d'autres hommes arrachés à l'improviste à la vie sédentaire, à leurs magasins, à leurs bureaux. Ceux-là aussi seront des jeunes gens non entraînés, que les régiments laisseront derrière eux le long des fossés et des routes, qui rempliront les ambulances et les hôpitaux, paralysant le service et volant la place des blessés.

Aussi bien ne faut-il pas nous émouvoir si nous lisons tous les ans, dans les journaux, que les régiments de tel ou tel pays ont subi des désastres dans leurs marches. La guerre est chose sauvage. Je ne l'aime pas. Je la déteste comme le plus cruel des fléaux humains, mais tant qu'il sera nécessaire de combattre pour défendre la patrie, je crois, moi aussi, qu'on ne doit reculer devant aucun sacrifice pouvant contribuer à former une armée aguerrie. Ne pas faire des marches parce qu'il y a quelques soldats qui en souffrent, équivaudrait à renoncer à l'usage de la poudre parce que les fusils et les canons peuvent éclater et qu'il arrive tous les ans des accidents.

II

Quiconque veut la nation armée, doit porter toute son attention sur les hommes débiles et prendre à tâche de réagir contre les inconvénients de la vie urbaine qui rend myope, effile le squelette, atrophie les muscles, abaisse le degré de résistance aux intempéries, et diminue notre aptitude aux fatigues de la guerre.

Pour obtenir ce résultat, il n'est pas utile de favoriser les concours et peut-être même sont-ils pernicieux; les prix sont remportés uniquement par le petit nombre de ceux que la nature a le mieux doués, et l'on produit le découragement de ceux qui sentent ne pouvoir atteindre à la perfection ou ne sont pas de taille à lutter avec plus forts.

Il est utile qu'il y ait des sociétés pour propager les divers genres de sports, la gymnastique, l'escrime, le canotage, la natation, mais c'est aux particuliers à s'occuper des concours et des prix pour les champions. Le gouvernement a le seul devoir de chercher à améliorer la force moyenne et la robustesse de la nation, non pas en perfectionnant ceux qui sont les plus forts, mais en améliorant et en fortifiant ceux qui ont une valeur physique inférieure et qui constituent la portion la plus nombreuse de la société et de l'armée.

Quelques officiers intelligents ont déjà proposé de renverser l'ordre de taille dans les compagnies. Si, dans les marches, on plaçait en avant les soldats ayant les jambes les plus courtes, ceux-ci donnant l'allure et marquant la cadence aux autres, on obtiendrait une plus grande vitesse. La chose semble paradoxale, mais elle est vraie, pour un ensemble de motifs que nous exposerons plus loin.

Nous devons agir de même dans l'éducation physique, c'est-à-dire abandonner les forts à leur sort et nous occuper des moins robustes. Dans cet esprit, l'éducation physique doit revêtir un caractère plus scientifique. Il faut une éducation rationnelle de la jeunesse. Le vieil empirisme de la gymnastique allemande, non plus que le néo-militarisme, ne sont d'aucun secours pour obtenir un développement harmonieux de tous les organes.

Quand on pense aux efforts que les soldats devront faire dans la prochaine guerre, le cœur doit se fermer à toute faiblesse, et s'inspirer uniquement, dans une rigide discipline, de la pensée de la patrie, en vue de laquelle tout sacrifice devient facile à supporter.

En 1870, il y eut des soldats français qui partirent au mois de juillet et qui ne s'arrêtèrent qu'au mois de mai suivant. Dans les guerres modernes, le vainqueur n'est pas celui qui a fait le plus grand nombre de morts et de blessés, mais celui qui a pu marcher le plus rapidement et le plus longtemps.

Le meilleur ministre de la guerre sera celui qui se laissera le moins intimider par les clameurs de la foule et des journaux, et saura obtenir des soldats le maximun de résistance physique dont ils sont capables. Ce sera le ministre qui, pareil à un ingénieur connaissant bien, par les expériences antérieures, la tension que peut supporter une machine, saura au moment opportun la faire fonctionner sous la plus haute pression possible. C'est uniquement de cette manière que l'on peut espérer la victoire, c'est ce qui constitue physiologiquement la signification et la valeur des manœuvres. C'est de là que vient le nom d'*esercito* (armée) qui veut dire *exercice*.

III

En campagne, quand un régiment doit se mettre en mouvement, les cuisiniers se lèvent avant l'aube, font cuire la viande ou préparent le café. Les soldats relèvent les tentes, mangent et partent au petit jour. Ils marchent par deux de chaque côté de la route. Ils n'ont aucune sujétion d'uniformité ni de cadence. Chacun porte le fusil comme il l'entend pourvu qu'il ne gêne pas le voisin. Au bout d'une demi-heure, tout le régiment fait une petite halte pour rectifier les irrégularités. Quelques-uns se déchaussent pour rajuster leurs chaussettes d'autres rajustent leurs guêtres, leur capote, leur sac, et, au premier coup de clairon, la marche commence définitivement.

On marche cinquante minutes au bout desquelles il y a repos de dix minutes. Aux deux tiers du parcours, environ, a lieu une grande halte qui dure une heure ou une heure et demie. On forme les faisceaux et l'on mange la viande réservée dans la gamelle.

14.

Les soldats qui marchent les premiers, à la tête du régiment, se fatiguent beaucoup moins que les derniers. Si l'on ne maintient pas scrupuleusement l'ordre de la marche, ceux qui sont en queue d'une colonne ne peuvent souvent pas profiter des petites haltes. Tout le monde a pu remarquer qu'une longue procession se rompt de temps en temps. La même chose se produit dans les troupes en colonne, où les moindres accidents enrayent la vitesse de la marche, et se répercutent en arrière comme une ondulation ralentissant ou arrêtant le mouvement jusqu'à la queue.

Il arrive ainsi que, pendant que la tête marche régulièrement, les officiers qui sont au milieu du régiment doivent sans cesse crier : serrez! Les sergents s'épuisent à conserver les distances, et malgré cela, la queue marche par à-coups, tantôt s'arrêtant, tantôt reculant, et tantôt courant.

Comme médecin militaire, j'étais tenu de marcher constamment à la queue du régiment. Au bout de 10 à 15 kilomètres, j'étais fatigué comme si j'en avais fait le double tout seul. Les accidents continuels de la marche rejettent à l'arrière les traînards des compagnies de l'avant. Ces courses, ces arrêts, ces chocs, les stimulations ininterrompues des supérieurs créent au soldat une atmosphère de nervosité qui l'exténue rapidement.

Si la colonne est longue de plusieurs kilomètres, les hommes de la tête sont déjà au campement à se reposer, pendant que la queue continue à marcher des heures entières, bien qu'ils soient tous partis en même temps.

IV

Lorsqu'en été on voit une division en marche, on éprouve toujours une émotion mélancolique et un sentiment de compassion pour le soldat. De loin, on aperçoit un léger nuage qui effleure le sol, et qui s'avance comme un voile cendré entre les arbres, comme la poussière que le vent soulève sur les routes et dans les champs. A mesure que le nuage s'approche, on distingue les figures des soldats qui respirent cette poussière. A les voir de près, ils sont blancs et comme desséchés par la terre fine qui les pénètre partout, dans les cheveux, dans les oreilles, entre les paupières.

On ne saurait croire que des êtres humains peuvent vivre en respirant cette poussière. Les soldats éprouvent en effet le tourment d'une soif inextinguible, ils ont la langue enflée et pâteuse, le gosier sec, les poumons obstrués de saletés, sur les lèvres et aux narines, des croûtes de terre humide. C'est un spectacle poignant que de les voir se jeter dans les fossés et les bourbiers pour étancher leur soif; de voir les sergents et les officiers s'évertuer à les contenir, et d'entendre les soldats exténués implorer le soulagement d'une gorgée d'eau.

Même alors que le soldat est fatigué, il marche encore convenablement tant que la route est plane. Mais, dès qu'après une longue marche on rencontre une côte, ou si le terrain devient accidenté, ou si l'on a à traverser le lit d'une rivière et à marcher sur des cailloux ou dans le sable, le désordre augmente dans les compagnies; et les forces du soldat s'épuisent si rapidement que les phénomènes morbides de la fatigue se manifestent immédiatement avec évidence.

A la fin des marches forcées, les soldats ont une allure de marche complètement différente de celle qu'ils avaient au départ. Ils exécutent le pas avec les jambes un peu plus écartées et cheminent voûtés, afin que leur centre de gravité et celui du sac tombent mieux sur la base du corps, et que celle-ci soit plus étendue.

Même la façon de mouvoir les jambes est différente. Quand il est fatigué, la sensation du poids du sac et des armes devient douloureuse, et le soldat tend instinctivement à garder le plus longtemps possible les deux pieds en contact avec le sol. Et en avançant une jambe, il cherche à hâter le mouvement, afin que le poids du corps repose de nouveau sur les deux pieds.

En regardant les épaules d'un homme qui boite parce qu'il est à bout de forces, on voit tout de suite que le mouvement du pas n'est plus régulier mais qu'il se fait par saccades. La secousse des épaules correspond au mouvement plus rapide qu'il fait avec le pied endolori pour le soulager du poids du corps. Quand on observe les traînards que le régiment sème le long des routes, pour peu que l'on ait l'œil habitué aux mouvements physiologiques du pas, on s'aperçoit qu'ils cherchent à faire agir d'autres muscles et à épargner ceux qui sont le plus endoloris par la fatigue de la marche.

Le soir, lorsque tout le monde dort sous la tente, il arrive encore au campement des soldats qui se traînent à pas lents, portant leur sac à la main par les bretelles. D'autres, débandés, errent chancelants par la campagne, à la recherche de leur régiment. A voir leur démarche hésitante, on les dirait ivres, tant leurs membres s'abandonnent, tant leur pas est incertain On n'a qu'à les toucher; ils ont la fièvre, et l'on entend siffler leur respiration oppressée. Le visage et les mains sont mouillés de sueur froide, la prunelle est dilatée comme au degré extrême de l'épuisement nerveux.

Le matin, dans un coin du camp, on voit le drapeau à la croix rouge, et les soldats faisant cercle autour du médecin. La plupart sont nu-pieds pour montrer leurs excoriations et leurs plaies vives. D'autres ont les glandes inguinales enflées, des ulcérations et des abrasions aux jambes et aux cuisses. D'autres encore ont les articulations du pied œdémateuses et enflammées. Ce qui les tourmente le plus, ce sont les maux de reins, la raideur des muscles et des tendons qui, au mouvement, produisent des douleurs aiguës.

Ce sont des variétés spéciales de maladies qui

se manifestent dans les efforts prolongés. Beaucoup se plaignent de maux de tête, d'autres ont des palpitations de cœur. Mais surtout, ils se plaignent d'avoir les jambes comme luxées avec des courbatures douloureuses. Ils sont fourbus. D'autres accusent des troubles intestinaux, de l'inappétence, de l'oppression et des difficultés de respiration ; et plusieurs, accroupis sur le sol, le thermomètre sous les aisselles, attendent que le médecin constate leur degré de fièvre et les fasse charger dans les voitures des ambulances.

Un médecin français, le professeur Kelsch, rapporte que, pendant la guerre de 1870, vingt jours de la vie de campagne suffirent pour éliminer les deux cinquièmes de l'effectif des corps d'armée[1] ; et cela se produisit avant que l'armée française ne se fût battue.

V

La gymnastique des écoles est actuellement toute dirigée en vue du développement des bras.

1. Cortial, *De la marche au point de vue militaire*, Paris, 1893, p. 15.

Elle ne tient presque aucun compte des marches, et ne tend pas à rendre la jeunesse robuste, ce qui devrait être son but exclusif. Il faut que nous changions de méthode et que nous donnions une plus grande importance à la marche, à la course de résistance et à la course de vitesse.

La réforme de la gymnastique, préconisée par les physiologistes, est combattue par certains professeurs de gymnastique. Par bonheur, en Italie, beaucoup parmi les plus distingués sont d'accord avec nous. J'ai le devoir de rappeler les Abbondati [1], les Baumann [2], les Gabrielli [3].

Marchetti [4], Costantino Reyer, Pietro Gallo, le sénateur Gabriel Luigi Pecile, Giuseppe Monti, le professeur baron Alberto Gamba, Felice Valletti et Enrico Bertet ont également bien mérité de la gymnastique en préparant le terrain des réformes.

Quand la nation aura bien compris l'impor-

1. FERDINANDO ABBONDATI, *La riforma della ginnastica in Italia*. Conférence au Congrès national de gymnastique à Gênes, août 1892.
2. Dʳ E. BAUMANN, *La ginnastica ed i giuochi*. Valle editore, Rome, 1892.
3. FRANCESCO GABRIELLI, *Un riformatore della ginnastica*. Bologne, 1893.
4. DANIELE MARCHETTI, *Salute e forza*. Milan, 1892.

tance de l'éducation physique, le nombre des
professeurs de gymnastique augmentera et dou-
blera, comme en Allemagne. Il y aura place
pour tous ceux qui ont des aptitudes et de
la bonne volonté. Nous demandons que dans
les universités on enseigne la pédagogie par
des méthodes rationnelles et modernes et que
l'on parle de l'éducation physique dans un
esprit physiologique. Nous demandons que les
jeunes professeurs des gymnases, des lycées et
des écoles spéciales se fassent eux-mêmes les
instructeurs et les professeurs de gymnastique
et de jeux de leurs élèves; car nous sommes
convaincus que, de cette façon seulement, nous
réussirons à rendre efficace l'éducation physique. Nous voulons ennoblir ainsi cet enseignement et le rehausser dans l'estime et la considération du public.

En Amérique, lorsque le directeur d'un collège publie le programme des études, ou un
avis pour attirer les jeunes gens dans son établissement, il annonce toujours que l'on aura
un soin spécial de l'éducation physique, et il fait
connaître les noms des professeurs qui en sont
chargés. Et plus ceux-ci sont haut placés en

dignités et en grades académiques, plus grande est la réputation du collège.

Le concours des personnes qui consacrent exclusivement leur temps aux exercices du corps sera indispensable pour dresser les jeunes gens aux marches, les exercer à la course de résistance et de vitesse et leur enseigner à porter des poids. Mais pour être à même d'exécuter tout ce qu'exige l'éducation physique dans ses formes multiples, il faut une souplesse et une vigueur que l'on ne possède généralement plus à l'âge où les aptitudes pédagogiques sont le plus développées. Le nombre des jeunes professeurs qui se consacreront à l'éducation physique sera toujours au-dessous des besoins.

Notre idéal est de montrer combien est noble et utile la science qui s'occupe de l'éducation de l'homme, suivant les méthodes de la physiologie et de l'hygiène. Espérons que chez nous, aussi bien qu'en Allemagne, le nombre augmentera de ces jeunes candidats au doctorat qui, dès l'université, se portent vers l'étude de l'éducation physique et se préparent à devenir les éducateurs de la jeunesse et ses professeurs de gymnastique aussi bien que de jeux. C'est ce qui fait actuellement défaut dans notre pays, et c'est précisément ce que nous désirons. Les professeurs de gymnastique actuels ne cesseront pas de trouver à s'employer. Les programmes une fois modifiés, le nombre des heures destinées à l'éducation physique augmenté, les jeux introduits dans l'école, leur importance gagnera; ils trouveront un champ d'action plus vaste et une amélioration considérable de leur sort.

Mais il n'est déjà plus besoin de discuter, car tous sont convaincus que les appareils des gymnases et les exercices que l'on fait exécuter aux jeunes gens sont trop compliqués et ne servent pas à leur faire acquérir la force et l'adresse utiles dans la vie.

La gymnastique est ennuyeuse et antipathique.

Voilà l'opinion que, sauf de très rares exceptions, j'ai entendu formuler par les étudiants et les professeurs. Ce n'est que dans les écoles élémentaires que j'ai trouvé un peu d'enthousiasme, parce que les enfants s'intéressent aux exercices qui ressemblent à ceux des soldats. D'ailleurs, les documents du ministère de l'instruction publique disent clairement que lorsque la gymnastique est libre, le professeur n'arrive pas à réunir autour de lui plus de dix pour cent des élèves des lycées ou des écoles spéciales. Dans nos écoles il y a, au maximum, vingt leçons de gymnastique par an. Dans quelques lycées, je sais qu'on en donne à peine dix. Dans d'autres, c'est comme si l'on n'en donnait pas du tout, tant il est aisé d'obtenir des dispenses, tant les proviseurs et les directeurs ferment les yeux sur les absences. Dans les gymnases et les lycées privés, on annonce que les élèves sont dispensés de la gymnastique, comme si c'était un avantage.

VI

La gymnastique allemande s'est propagée et est devenue populaire pour deux raisons : on lui supposait une base scientifique et on la croyait utile à la vie militaire. Ni l'une ni l'autre de ces hypothèses n'a résisté à la critique. Jusqu'à ces dernières années, les éducateurs et les physiologistes s'étaient bornés à dire que la gymnastique allemande était inutile et ennuyeuse : On commence maintenant à dire qu'elle est nuisible. Et nous le disons parce qu'elle donne trop d'importance au développement des bras, comparativement à celui des jambes. L'usage des appareils obligeant les jeunes gens à abandonner le sol et à supporter le poids du corps avec les bras, fait exécuter aux muscles des contractions extrêmes qui leur sont nuisibles. Dans la gymnastique aux appareils, les muscles effectuant une série d'efforts exténuants, on interrompt l'exercice avant de jouir du bénéfice de la fatigue. La marche et la course de résistance ont, au point de vue physiologique et militaire, une plus grande importance que les autres exercices gymnastiques, car, en mettant en mouvement des masses musculaires de beaucoup plus considérables que celles des bras, elles habituent le système nerveux et le cœur aux déchets qui se produisent dans notre organisme, par suite du travail prolongé, et qui agissent comme des poisons. L'entraînement est une habitude et une immunité que nous acquérons à l'égard des poisons de la fatigue, et qui peut se comparer, jusqu'à un certain point, à l'habitude et à l'immunité que nous acquérons pour le tabac et l'alcool.

Il y a d'autres raisons plus graves qui font considérer la gymnastique allemande comme pernicieuse. Il n'est pas possible d'augmenter simultanément et à un degré similaire l'énergie des bras et des jambes. Le développement prépondérant des centres nerveux qui font mouvoir les bras, limite l'énergie de ceux qui servent à faire mouvoir les jambes. La division du travail, qui perfectionne la main et les sens de l'homme, trouve sa raison d'être dans cette loi de l'accroissement d'après laquelle le volume de tous les muscles ne peut s'augmenter simultanément; pas plus que les centres nerveux qui servent à mettre tous les organes en mouvement ne peuvent tous à la fois acquérir un plus haut degré d'énergie.

Quand il s'agit d'obtenir des aptitudes spéciales, il faut absolument spécialiser l'exercice.

Un officier de l'armée suisse a publié dans un journal militaire [1] un rapport très important sur des observations relatives à la gymnastique et aux marches. « J'ai eu sous mes ordres 46 conscrits qui tous étaient des moniteurs de

---

1. *Schweizerischer Monatsschrift für Offiziere*, octobre 1892.

gymnastique bien exercés. Pendant les deux ou trois premières semaines, ce peloton était le meilleur de la compagnie. Mais ensuite, le peloton des moniteurs de gymnastique fut dépassé par les autres pelotons dont les conscrits devenaient de plus en plus résistants aux marches et moins sensibles au poids du fusil et du sac. A la fin, le peloton des moniteurs de gymnastique était décidément le plus faible, et celui qui résistait le moins aux fatigues des marches.

« Les pelotons des conscrits-moniteurs à qui la bonne volonté ne faisait sûrement pas défaut durent avouer eux-mêmes qu'il en était réellement ainsi.

« Si ce peloton n'avait pas reçu une instruction prolongée de gymnastique, il eût été un peloton modèle : *das Turnen verdarb aber alles*. Mais la gymnastique avait tout gâté. »

FIN

TABLE DES MATIÈRES

Coulommiers. — Imp. Paul BRODARD. — 158-94.